范惟翔 博士 編著

企業與法律

觀念
法規
實務

讓法律不再只是限制
而是推動企業成長的重要助力！

| 案例解析搭配法規，快速理解實務操作重點 |
全面掌握企業法律知識，助你經營決策更穩健

目 錄

自序

第一篇　建立企業法律概念

- 011　第一章　法律概述
- 029　第二章　憲法與企業治理
- 045　第三章　企業與犯罪行為
- 105　第四章　企業與侵權賠償
- 127　第五章　企業與行政法規

第二篇　服務滿意與法律意識

- 153　第六章　服務業與消費者保護法
- 179　第七章　消費爭議與分類
- 193　第八章　服務瑕疵、服務缺失與服務過失

第三篇　旅宿業服務爭議案例實務

213	第九章　企業經營者責任
231	第十章　無過失責任與法律效果
243	第十一章　服務爭議案例
293	第十二章　結論

第四篇　附錄

301	附錄一：智財權 　　——飯店業房型室內設計涉抄襲爭議
311	附錄二：本書引用資料

自序

在當前迅速變化的服務業環境中,法律知識對企業的營運至關重要,經營者理解並運用法律規範才能夠幫助企業有效管理風險,保護自身及消費者的權益。為了幫助行業從業人員更好地應對這些挑戰,作者完成了本書,內容主要涵蓋了服務業中的法律問題及其實務應用。

本書共分為四篇:

第一篇:建立企業法律觀念

這一篇旨在幫助讀者建立全面的企業法律觀念,並涵蓋以下主要內容:

1. 法律概述:介紹企業營運中涉及的基本法律概念,包括法律的基本原則和企業需要遵守的主要法律規範。這部分內容旨在為讀者提供一個法律框架,使其能夠理解企業運營中的法律要求。
2. 憲法與企業治理:探討憲法對企業治理的影響,包括企業的基本權利和義務,以及如何在憲法框架內進行有效的企業治理。這部分將說明憲法如何影響企業的組織決策過程。

3. 企業與犯罪行為：分析企業在經營過程中可能涉及的犯罪行為，這部分將幫助企業了解法律風險，避免誤觸刑法。
4. 企業與侵權賠償：討論企業在經營活動中可能面臨的侵權問題，介紹相關的法律，幫助企業理解侵權責任的範疇和如何減少潛在的法律風險。
5. 企業與行政法規：說明企業在營運中需遵守的各類行政程序法規、及有可能接受的罰法，避免行政處罰。

第二篇：服務滿意與法律意識

在這一篇中，我們將深入探討如何通過法律手段提升服務滿意度和增強法律意識。內容包括如何通過消費者權益保護法和服務規範來提升顧客的滿意度，並提供法律保障措施以應對顧客需求。

第三篇：旅宿業服務爭議與案例

這一篇專注於旅宿業中的常見法律爭議，通過實際案例分析，揭示爭議發生的原因及解決方法。我們將提供實用的案例研究，幫助讀者理解如何在實際操作中應對和處理服務爭議。

第四篇：附錄

　　本書適合以下讀者：

1. 未曾修習過法律的文理、商管及其他領域的在學學生：同學們可以通過本書了解法律在服務業中的應用，為未來從事服務業或相關領域工作有些法律觀念。
2. 未來有志從事服務業的同學：本書提供了服務業相關的法律知識，幫助有志於服務業的同學掌握必須的法律技能，提升競爭力。
3. 目前從事服務業，特別是餐旅業的從業人員：本書針對餐旅業的法律問題進行了詳細分析，為從業人員提供實用的法律指導，以應對日常工作中的法律挑戰。

　　希望這本書能夠幫助讀者對服務業及餐旅業相關法律問題的認識和應對能力，由於法律學理及各項案例甚多，往往使文商背景的同學不知如何進入堂奧，希望本書提供新入行的從業者，能順利在充滿挑戰的領域，促成服務業更健康發展。

2025.08.15

自序

第一篇

建立企業法律概念

第一章　法律概述

第二章　憲法與企業治理

第三章　企業與犯罪行為

第四章　企業與侵權保護

第五章　企業與行政法規

第一篇　建立企業法律概念

第一章
法律概述

第一節　何謂法律

　　法律是作為社會共同遵守的規範，涵蓋規則和條文，是社會秩序和公正的基石。

一、　法律的功能與內涵

　　法律的功能是規範社會成員之間的行為，維護社會秩序和公正；法律又可以分為公法和私法兩大類別：公法涉及國家與個人或者國家與國家之間的關係，如憲法、行政法、刑法等；私法則涉及個人或組織之間的關係，如民法、商法等。

二、 主要作用以下四方面：

1. 社會秩序的維護：法律通過規範和約束人們的行為，保障社會秩序的穩定和持續，例如，道路交通管理處罰條例。
2. 公共利益的保護：法律通過保護公共利益，例如，環境保護、消費者權益等，維護社會整體利益。
3. 權利和義務的平衡：法律確保個人和集體在行使權利時不侵犯他人的權利，同時承擔適當的義務和責任，例如，公職人員選舉罷免法。
4. 爭議解決和司法保障：法律提供了爭議解決的框架和程式，致力於維持公平正義，例如，民法、民事訴訟法。

三、 法律的實施與執行

　　法律的實施是指將法律條文轉化為具體的行動和措施的過程。這個過程涉及到立法、司法和行政三個方面的合作和互動：

1. 立法過程：法律的制定由立法機構完成，國會、與各級議會代表社會制定符合公共利益的法律。
2. 司法實施：檢察機關、法院負責起訴及依法審理及裁決案件，確保法律的公正實施。
3. 行政執法：政府部門、法院及執法署負責根據法律執行具體的管理和執法工作，保障法律的有效實施。

第一章　法律概述

四、　法律分類簡介

　　我國的法律分類分為憲法、民法、刑法、行政法、民事訴訟法及刑事訴訟法等六法。其中，憲法是最高法律，規定了國家的基本制度和人民的基本權利（見章後參考法條摘錄一）。民法涉及個人和私法關係，包括簽約、侵權等；刑法則涉及犯罪和刑事責任；行政法則規範行政機關的運作和行政行為的合法性，民事訴訟法是發生民事法律糾紛時，所要進行的訴訟程序；刑事訴訟法是關於刑事案件所進行的訴訟程序。

　　制定法律由立法院負責，例如，通過《消費者保護法》，保護消費者使用商品的安全及申訴的程序；司法機關包括最高法院、高等法院、地方法院等，負責審理和裁決各類案件。

　　以下簡單說明刑法、民法及行政法規有關內容：

（一）刑法

　　刑法作為法律的重要組成部分，主要用於規範和懲罰犯罪行為。例如，在各國刑法中，對於不同的犯罪行為有詳細的界定和相應的刑事責任；例如，謀殺、盜竊、貪汙等犯罪行為，都有明確的法律條文進行規範和處罰；近幾年涉及毒品的製造、販賣、運輸等行為均屬嚴重犯罪，從最高法院裁定的案例中，對於涉及大宗毒品走私的案件，法院依法判處重刑，以維護社會公共安全和秩序。

(二) 民法

民法主要涉及個人之間的民事關係，例如簽約、侵權、家庭關係等；在民法的實施過程中，通常會涉及到財產權利、人身權利的保護，以及民事爭議的解決。例如，在民事法律領域，買賣簽約是一種重要的民事行為形式，如果當事人在簽訂合同後發生爭議時，可以依法向法院申請簽約效力確認或違約責任認定。

(三) 行政法規

行政法規由行政機關根據法律制定，用於管理和實施公共政策。例如，食品安全管理法規定了食品生產和銷售的具體要求和標準，以確保消費者權益和公共健康。

第二節　法律的功能

法律在社會中扮演著重要而多樣化的功能角色，這些功能不僅涵蓋了保護個人權利和社會秩序的基本作用，還包括了促進經濟發展、文化傳承以及政治體系的運作。本文將探討法律的各種功能，從保護權利到影響社會變遷，並通過具體案例來闡述這些功能的實際運作和影響。

第一章　法律概述

一、　保護個人權利和社會秩序

法律最基本的功能之一是保障個人的基本權利和維持社會的秩序。這包括了保護人身安全、財產權、言論自由等基本權利，並通過制定和執行法律來確保這些權利不受侵犯。例如，美國憲法第一修正案保障了言論自由，禁止政府對公民進行言論上的限制，維護公民的權利。

二、　促進經濟發展

法律在經濟活動中扮演著重要角色，通過制定商業法律、貿易法規等來促進經濟發展和市場運作。例如，公司法確立了企業組織和運作的法律框架，保證了企業的法律地位和運營條件，這對於吸引投資、創造就業機會和推動經濟增長至關重要（見章後參考法條摘錄二）。

三、　保護環境和資源

隨著全球環境問題的日益嚴重，法律也在保護環境和自然資源方面發揮著越來越重要的作用。通過環境法律的制定和執行，政府和國際組織可以規範和管理空氣、水質、土地使用等方面的問題，以減少污染和保護生態系統。例如，巴黎協定旨在促進全球溫室氣體減排，保護全球氣候，這需要各國通過法律來履行自己的減排承諾（見章後參考法條摘錄三）。

四、 影響社會變遷和文化發展

法律不僅是規則的集合，它還可以影響和引導社會的變遷和文化的發展。通過法律的改革和修訂，社會可以應對新興的社會問題和價值觀變化。例如，台灣同性婚姻合法化，反映了法律如何反映社會的進步和觀念變化，推動了更廣泛的社會平等和人權保護。

參考司法院釋字第七四八號解釋施行法第 2 條相同性別之二人，得為經營共同生活之目的，成立具有親密性及排他性之永久結合關係（見章後參考法條摘錄四）。

五、 維持政治穩定和治理效能

法律作為政治體系的基礎，有助於維持政治穩定和有效的治理。通過憲法和法律體系的建立，各級政府可以有效管理社會事務和執行公共政策。例如，民主國家的法律確保了選舉和治理過程的公平和透明，這是維持政治穩定和社會和平的重要保證（見章後參考法條摘錄五）。

六、 促進國際合作和法律規範的全球化

隨著全球化進程的加深，國際間的合作和法律規範的制定變得越來越重要。國際法和國際條約通過確定國家之間的法律義務和責任，來解決跨國問題，如貿易爭端、人權保護和國際安全等。例如，聯合國的《世界人權宣言》和《兒童權

利公約》及《聯合國兩公約》，推動了全球人權的普遍尊重和保護，我國配合聯合國兩公約訂定《公民與政治權利國際公約及經濟社會文化權利國際公約施行法》（見章後參考法條摘錄六）。

第三節　法律的來源

法律的來源可分為憲法、法律、行政命令、國際條約、習慣法及一般原則，以下說明其來源：

1. 憲法：憲法是最高法律，包括憲法正文及其解釋。憲法由立法院修正及頒布，並由全體國民公投通過。例如，《中華民國憲法》確立了國家的組織架構、基本權利和責任，並規定政府機構的職權和運作方式。
2. 法律：法律是由立法院通過的法規。法律可以分為憲法附則、普通法律、特別法律等類別。例如，《刑法》、《民法》、《行政訴訟法》等，這些法律規定了公民的權利和義務，並提供了司法和行政的運作框架，包含條例、通則。
3. 行政命令：行政命令是由行政機關依法授權而發布的法律命令或指令。例如，行政院依據法律授權發布的施政計畫、行政命令等，這些命令具有法律效力，用於具體執行法律或管理國家事務，包含規則、規程、細則、辦法、準則等。

4. 國際條約：國際條約是指台灣與其他國家或國際組織簽署的協定或協議。根據憲法第 11 條的規定，經立法院同意批准的國際條約具有國內法律效力。例如，WTO 協定、人權公約等國際條約，這些條約內容在通過立法院批准後，成為國內法律的一部分。
5. 習慣法及一般原則：習慣法是在社會實踐中形成的具有法律效力的規範。例如，某些地區或社群內的慣例，具有約束力。一般原則則是指法律體系中普遍被接受的法律原則和理念，例如法律的平等原則、公正原則等。

這些法律來源共同構成了我國的法律體系，確保了法律的正當性、合理性及可預測性。

6. 除了憲法、法律、行政命令、國際條約、習慣法及一般原則外，法律的來源還包括法理、學說和判例。

(一) 法理：法理是指法學家對法律文本的解釋和理解，以及對法律規則背後的原理和理論的探討。法理可以影響法官的判決，尤其是當法律存在爭議時。例如，當法律沒有明確規定時，法院可能會參考法學專家對於類似情況的解釋，來確定適用的法律原則。

(二) 學說：學說是法學界對於法律問題的理論性分析和討論。法學家會從不同的角度來探討法律條文、法律制度和司法實踐等，提出不同的學說或學理觀點。這些

第一章　法律概述

學說可以影響法官在解釋法律和做出判決時的思路和方法。例如，關於憲法解釋的學說會影響憲法解釋的方向和結果。

(三) 判例：判例是指先前法院在類似案件中作出的具有法律效力的判決。根據法律制度，判例在相似案件中可能被後續法院作為參考依據或具有約束力。在司法實踐中，判例是法官解決爭議和判斷案件的重要依據之一。例如，《最高法院判例選集》中收錄的判決，對於法律解釋和適用具有重要影響力，成為法官在判決時的重要參考依據。

圖 1 法之金字塔

參考法條摘錄一

《我國憲法》

第 1 條：中華民國基於三民主義，為民有民治民享之民主共和國。

第 7 條：(平等權)中華民國人民，無分男女、宗教、種族、階級、黨派，在法律上一律平等。

第 8 條：(人身自由)

(1) 人民身體之自由應予保障。除現行犯之逮捕由法律另定外，非經司法或警察機關依法定程序，不得逮捕拘禁。非由法院依法定程序，不得審問處罰。非依法定程序之逮捕、拘禁、審問、處罰，得拒絕之。

(2) 人民因犯罪嫌疑被逮捕拘禁時，其逮捕拘禁機關應將逮捕拘禁原因，以書面告知本人及其本人指定之親友，並至遲於二十四小時內移送該管法院審問。本人或他人亦得聲請該管法院，於二十四小時內向逮捕之機關提審。

(3) 法院對於前項聲請，不得拒絕，並不得先令逮捕拘禁之機關查覆。逮捕拘禁之機關，對於法院之提審，不得拒絕或遲延。

(4) 人民遭受任何機關非法逮捕拘禁時，其本人或他人得向法院聲請追究，法院不得拒絕，並應於二十四小時內向逮捕拘禁之機關追究，依法處理。

第 19 條：（納稅義務）人民有依法律納稅之義務。

第 20 條：（兵役義務）人民有依法律服兵役之義務。

參考法條摘錄二

《我國公司法》

第 1 條：(1) 本法所稱公司，謂以營利為目的，依照本法組織、登記、成立之社團法人。

(2) 公司經營業務，應遵守法令及商業倫理規範，得採行增進公共利益之行為，以善盡其社會責任。

第 2 條：(1) 公司分為左列四種：

一、無限公司：指二人以上股東所組織，對公司債務負連帶無限清償責任之公司。

二、有限公司：由一人以上股東所組織，就其出資額為限，對公司負其責任之公司。

三、兩合公司：指一人以上無限責任股東，與一人以上有限責任股東所組織，其無限責任股東對公司債務負連帶無限清償責任；有限責任股東就其出資額為限，對公司負其責任之公司。

四、股份有限公司：指二人以上股東或政府、法人股東一人所組織，全部資本分為股份；股東就其所認股份，對公司負其責任之公司。

參考法條摘錄三

《巴黎協定條文》

第 2 條：(1) 本協定在加強《公約》，包括其目標的履行方面，旨在聯繫可持續發展和消除貧困的努力，加強對氣候變化威脅的全球應對，包括：

  一、把全球平均氣溫升幅控制在工業化前水準以上低於 2°C 之內，並努力將氣溫升幅限制在工業化前水準以上 1.5°C 之內，同時認識到這將大大減少氣候變化的風險和影響；

  二、提高適應氣候變化不利影響的能力並以不威脅糧食生產的方式增強氣候復原力和溫室氣體低排放發展；

  三、使資金流動符合溫室氣體低排放和氣候適應型發展的路徑。

  (2) 本協定的履行將體現公平以及共同但有區別的責任和各自能力的原則，考慮不同國情。

第 3 條：作為全球應對氣候變化的國家自主貢獻，所有締約方將采取並通報第四條、第七條、第九條、第十條、第十一條和第十三條所界定的有力度的努力，

以實現本協定第二條所述的目的。所有締約方的努力將隨著時間的推移而逐漸增加,同時認識到需要支持發展中國家締約方,以有效履行本協定。

參考法條摘錄四

《司法院釋字第七四八號解釋施行法》

修正日期：民國 112 年 06 月 09 日

第 1 條：為落實司法院釋字第七四八號解釋之施行，特制定本法。

第 2 條：相同性別之二人，得為經營共同生活之目的，成立具有親密性及排他性之永久結合關係。

第 3 條：未滿十八歲者，不得成立前條關係。

第 4 條：成立第二條關係應以書面為之，有二人以上證人之簽名，並應由雙方當事人，依司法院釋字第七四八號解釋之意旨及本法，向戶政機關辦理結婚登記。

參考法條摘錄五

《公職人員選罷法第 7 條》

1. 立法委員、直轄市議員、直轄市長、縣(市)議員及縣(市)長選舉、罷免,由中央選舉委員會主管,並指揮、監督直轄市、縣(市)選舉委員會辦理之。
2. 原住民區民代表及區長選舉、罷免,由直轄市選舉委員會辦理之;鄉(鎮、市)民代表及鄉(鎮、市)長選舉、罷免,由縣選舉委員會辦理之。
3. 村(里)長選舉、罷免,由各該直轄市、縣(市)選舉委員會辦理之。
4. 直轄市、縣(市)選舉委員會辦理前二項之選舉、罷免,並受中央選舉委員會之監督。
5. 辦理選舉、罷免期間,直轄市、縣(市)選舉委員會並於鄉(鎮、市、區)設辦理選務單位。

參考法條摘錄六

《公民與政治權利國際公約及經濟社會文化權利國際公約施行法》

第1條：為實施聯合國一九六六年公民與政治權利國際公約（International Covenant on Civil and Political Rights）及經濟社會文化權利國際公約（International Covenant on Economic Social and Cultural Rights）（以下合稱兩公約），健全我國人權保障體系，特制定本法。

第4條：各級政府機關行使其職權，應符合兩公約有關人權保障之規定，避免侵害人權，保護人民不受他人侵害，並應積極促進各項人權之實現。

第5條：(1)各級政府機關應確實依現行法令規定之業務職掌，負責籌劃、推動及執行兩公約規定事項；其涉及不同機關業務職掌者，相互間應協調連繫辦理。
(2)政府應與各國政府、國際間非政府組織及人權機構共同合作，以保護及促進兩公約所保障各項人權之實現。

第一篇　建立企業法律概念

第二章
憲法與企業治理

憲法中的基本人權對企業的影響是一個相當深遠且多面向的主題。憲法保障了個人的基本權利,這些權利不僅適用於個人與政府之間的關係,也涵蓋了私人企業與個人之間的互動。

第一節　基本人權與企業關係

茲下列言論自由權、財產權、平等權、個人隱私權、法治保障權,對企業運作與影響的各種層面。

一、基本人權與企業關係

1. 言論自由

言論自由是台灣憲法中的重要價值之一,保障了公民表達意見、批評政府和企業的權利。對企業而言,言論自由意味著員工和公眾可以自由討論企業的行為、產品或服務,這

可能會對企業形象和業務運作產生直接影響。例如，企業若因為負面新聞或社會媒體上的負面評論而受到公眾批評，可能會影響其市場形象和消費者信任度，進而影響其業績和長期發展（見章後案例一）。

2. 財產權保護

憲法保障了財產權，確保個人和企業在法律框架下擁有其財產的合法性和保護。這意味著企業可以合法擁有和運作其資產，並依法保護其對財產的控制權。財產權的保護有助於提高企業的投資安全性和經營穩定性，吸引更多國內外投資。（見章後案例二）

3. 平等權和非歧視原則

憲法確保了所有人的平等權和禁止歧視原則，這對企業的人力資源管理和業務運營有深遠影響。企業必須遵守平等待遇原則，不得因為種族、性別、宗教等因素而歧視雇員或客戶。例如，企業必須遵從勞工法律保障員工的勞動權利，並確保工作場所的平等和包容性。

4. 個人隱私保護

憲法中對個人隱私的保護，影響了企業在收集、使用和處理個人數據時的實踐。企業必須遵守個人資料保護法，確保客戶和員工的個人資訊安全和隱私不受侵犯。這不僅符合法律要求，也是建立信任和良好企業形象的重要因素。

5. 法治和司法保障

憲法確立了法治原則和司法保障,這對企業的法律遵從和風險管理至關重要。企業必須遵守憲法和法律,並在法律爭議發生時依賴獨立的司法系統來解決爭端。法治環境穩定和司法公正性,有助於企業預測風險、保護投資和營造穩定的經營環境。

第二節　平等權對企業影響

一、平等權的基本概念和法律依據

平等權是基本人權,根據憲法第 5、7、159 條,台灣的國民在法律面前一律平等,這些憲法原則為公務部門及企業環境中實現公平和非歧視(見章後案例三)提供了基本方向(見章後參考法條摘錄一)。

二、就業平等和勞資關係

在台灣,勞工權利的保障是平等權案例中的重要一環。勞工在面對企業時,應當享有平等的工作機會和勞動條件。這包括在招聘、晉升、薪酬、工時等方面不受到不合理歧視。憲法的平等保障與《勞基法》等法律的具體規定相互補充,確保了勞工權利的實現和保護。

三、性別平等和反性別歧視

憲法的平等保障在性別平等方面尤其重要。台灣社會近年來在性別平等的努力中取得了顯著進展，但在企業中仍存在性別歧視問題。司法實務和法律改革逐步強化了對性別歧視行為的禁止，促進了性別平等的實現。企業需要遵守相關法律，積極推動性別平等，提升女性在職場上的地位和權利（見章後案例四）。

四、殘障人士的平等權利

憲法對於殘障人士的平等保障在企業中具有特殊意義。企業應當提供無障礙的工作環境和平等的就業機會，以促進殘障人士的社會融入和職業發展。憲法的平等原則為殘障人士爭取平等的工作權利提供了法律基礎和保障。

五、企業社會責任（CSR）和平等原則

在現代社會中，企業社會責任（CSR）的概念越來越受到重視。企業不僅僅是營利的實體，還承擔著對員工、社會和環境負責的義務。平等權的憲法保障和社會價值觀要求企業在營運中考慮到平等和社會公正，這對於其形象、可持續發展和長期利益都具有重要影響。

此外，憲法中的平等權不僅包括了一般的個人平等，還涵蓋了宗教平等、階級平等和黨派平等等多個層面。這些平等原則對企業的營運和管理有著重要的影響。

第二章　憲法與企業治理

1. 宗教平等

憲法第 13 條確保了宗教信仰的自由，並禁止因宗教信仰而歧視公民。對企業而言，宗教平等意味著在招聘、晉升、工作場所和福利待遇等方面不能因宗教信仰差異而給予不公平的對待。企業應建立開放和包容的工作環境，尊重員工的宗教信仰自由，避免任何形式的宗教歧視，例如在工作時間安排、飲食安排等方面給予彈性。

2. 階級平等

階級平等意味著無論個人的社會地位或財富水準如何，都應在法律面前享有平等待遇。憲法確保了所有國民在法律面前一律平等，不得因財產、出身、社會地位等因素而受到歧視。企業應建立公平的招聘和晉升制度，不因員工的社會背景或財富狀況而偏袒或歧視。同時，應採取措施防止任何形式的階級歧視，確保員工能夠基於能力和表現獲得公正的評價和機會。

黨派平等保障了公民在政治活動中不受黨派偏見的影響，並禁止因政治信仰而受到不公平對待。企業應該避免在聘用和晉升過程中對員工或申請者的政治信仰進行歧視，確保所有員工在政治信仰上享有自由和平等。此外，企業應建立公正的工作環境，不容許政治派系影響工作決策或工作氛圍，從而保證員工能夠在沒有外在政治壓力的情況下履行工作職責。

三、憲法平等權對企業的意義

對於企業而言,要遵守憲法的平等原則,不僅是法律要求,也是建立良好企業形象和持續發展的必要條件。因此,可以採取以下策略來確保平等權的實現:

1. 制定和實施平等機會政策:包括招聘、晉升和培訓等方面的政策,確保所有員工都有平等的發展機會,不受宗教、階級或政治信仰的影響。
2. 建立多元和包容的企業文化:尊重和重視員工的多元背景和信仰,倡導開放式的溝通和理解,減少任何的歧視和偏見的可能性。
3. 加強教育和培訓:向管理層和員工提供相關的平等教育和培訓,增強他們對平等權的認識和理解,提升企業內部的平等意識。
4. 建立有效的投訴和申訴機制:鼓勵員工報告任何形式的歧視行為,並對投訴進行公正和及時的調查和處理,保證員工的權利得到保障。

企業應該積極遵守這些原則,實施相應的政策和措施,確保在企業運營中不僅遵循法律規定,還能夠建立一個公平、多元和包容的工作環境,這樣不僅有助於維護員工的權利,還有助於提升企業的聲譽和長期可持續發展。

第三節　生存權、工作權、及財產權對企業的影響

一、生存權

生存權保障個人基本的身體健康和生存需求。對企業雇主而言，這意味著有責任提供一個安全和健康的工作環境，以保護員工的生命安全。企業需遵守相關的勞動安全衛生法規，如提供必要的防護設備、培訓員工安全操作技能等，以預防事故和職業病的發生。

對員工而言，生存權保障了他們不受工作環境中潛在危險的威脅，確保了他們的身體健康和生命安全。如果企業忽視或違反生存權的保障，員工可以依法主張其生存權受到侵害，甚至訴諸法律途徑獲得救濟。

二、工作權

工作權保障了個人在選擇職業和工作條件方面的自由。對企業而言，這意味著不能任意解雇或歧視員工，並且必須在合法合理的範圍內制定和實施僱傭條件。企業應當尊重員工的工作權，如保障其平等就業機會、不歧視、不逕行解雇等，並且遵守勞動法律法規，如勞基法、就業服務法等。

對員工而言，工作權保障了他們的勞動權利，包括選擇職業、享受平等的工作機會、獲得公平的工資和福利待遇

等。員工可以依法主張其工作權遭受侵害，例如因性別、種族、宗教信仰等原因遭受歧視，或因遭遇不公平解雇而尋求法律救濟。

三、財產權

財產權保障了個人的財產所有權和使用權，包括土地、資產、收入等。對企業而言，這意味著必須尊重員工的財產權，不得擅自吊扣或沒收員工的薪資。此外，企業還需遵守相關規定，如按時支付工資、提供各種保障。

四、企業在生存權方面具體做法

（一）勞動安全與健康保護

企業應實施完善的勞動安全與健康保護措施，確保員工在工作中不受到安全或健康的威脅。具體措施包括：

1. 提供必要的安全防護設備，如安全帽、護目鏡、耳塞等，根據工作環境的需要。
2. 定期進行安全教育和培訓，使員工瞭解工作中的潛在危險和避免事故的方法。
3. 定期檢查和維護工作場所的安全設施，如消防設備、緊急出口、安全疏散通道等。

4. 遵守台灣的勞工安全衛生法規,如勞工安全衛生管理規則、職業安全衛生法等,以確保工作環境符合法律要求。
5. 醫療保健

　　企業應提供員工基本的醫療保健服務和緊急應對措施,確保員工在需要時能夠及時獲得醫療幫助,以及遵守勞動法律法規,如勞基法、職業安全衛生法等,確保工作條件和環境符合法律要求。

案例一：《新聞自由與揭露不法》

○○媒體刊登了關於一家企業生產食用品產品不當行為的報導，並揭露了該企業的內部問題，引發了公眾的關注和討論；然而企業主張報導侵犯了其商業秘密和商譽，並對媒體提出誹謗訴訟。

法院在審理此案時，表示雖然重視言論自由的重要性，可是當言論涉及公共利益或公眾關注的議題時。儘管企業主張其商業利益受損，但法院最終判斷媒體的報導屬於公共利益的言論，並且符合言論自由的保護範圍。

因此，法院支持媒體的言論自由，認為其報導是合法的，並同時檢查機關根據報導揭發了食用油與地溝油的調查。

案例二:《網路言論自由案件》

隨著網路社群媒體的興起,企業在網路上的言論自由問題也成為法院關注的焦點。例如,某企業在其社群媒體平臺上公開發表了對消費者負面評論的反擊並要求道歉,否則求償,引發了消費者的不滿和反彈。

消費者提出侵犯名譽的訴訟,指控企業的言論構成誹謗。法院在這類案件中通常會平衡言論自由和名譽權之間的關係,特別是當企業言論涉及個人時。司法可能考慮到消費者實際的使用情況為依據發表言論,言論對企業的影響程度。

案例三:《平等權案例》

公務人員特種考試一般警察人員考試規則第八條的「160公分女性標準」,與規定相差 1.1 公分,慘遭廢止受訓資格,女性考生質疑規定違憲申請釋憲,憲法法庭判決違憲,考試規則第 8 條規定需達 160 公分,違反憲法平等原則,至遲屆滿一年後失效。

報考資格規定,非原住民女性要 160 公分,男性 165 公分;原住民男性要 158 公分,女性 155 公分,才能當警消。憲法法庭於 2024 年 1 月 16 日召開言詞辯論,女考生委任律師主張,服公職權等於工作權加上參政權,應受到高度保障,但內政部與考選部任應有身高限制的理由,均屬臆測,違反比例原則,且區分原住民與非原住民,涉及歧視,違反平等原則平等原則。

內政部及考選部主張,該規定目的,是因應警消勤務及設備實際需要而制定,具正當性,釋憲機關應尊重用人機關的選拔標準,對於男女設定不同標準,是因應實務需求;區分是否為原住民,是維護身材較為矮小的原住民族服公職權,不過憲法法庭以平等原則,全案應廢棄發回,依憲法法庭判決意旨裁判,因此,女考生應可願當女消防員。

案例四:《性別平等和反性別歧視案例》
徵廚房助手限女性被罰 30 萬
沒有輔導期麵攤減罰後倒閉

性別平等工作法明訂雇主對求職者或受雇者不得因性別有差別待遇,罰鍰 30 萬元起跳,某縣 2023 年至今已有 7 名雇主被檢舉徵才廣告違法,因多是小額創業的攤商或商號,有麵攤因罰鍰太高而倒閉,縣府勞青處表示,該法未有輔導改善的行政裁量空間,除請業者徵才避免違法,也將促請中央斟酌修法。

某縣日前有一麵攤,在店門懸掛紅布條徵求廚房幫工(女)、果汁吧台(師父)女,被民眾拍照檢舉性別歧視,違反性別平等工作法,勞動暨青年事務發展處依布條資訊找到麵攤老闆,老闆解釋,當時只是想說廚房工作女生來做比較細心,沒想到竟因此觸法。

勞青處原要依法開罰老闆 30 萬元,因麵攤開在沿海偏鄉,小額經營且營業狀況不佳,考量其經濟狀況,後以行政罰法規定進行減輕罰鍰額度,僅開罰 10 萬元,開罰兩周後,老闆到縣府申請分期付款,並告知 10 萬元罰款難以負擔,且麵攤剛開不久仍入不敷出,已結束營業。常見的「性別歧視」徵才廣告,有「誠徵會計小姐」、「清潔阿桑」、「招工(限男

性)」或「廟公 (限男)」等，該縣自 2023 年起至今已有 7 件違法。很多廣告直接刊登在免費網路平台，內容未經專業檢查，因而觸法，有些徵才廣告甚至是熱心親友或店內員工代為張貼，但只要被民眾檢舉確定違法，依照性別平等工作法可開罰 30 萬元以上 150 萬元以下罰鍰。

參考法條摘錄一

《中華民國憲法》

第 1 條：中華民國基於三民主義，為民有民治民享之民主共和國。

第 5 條：中華民國各民族一律平等。

第 7 條：中華民國人民，無分男女、宗教、種族、階級、黨派，在法律上一律平等。

第 22 條：凡人民之其他自由及權利，不妨害社會秩序公共利益者，均受憲法之保障。

第 159 條：國民受教育之機會，一律平等。

第一篇　建立企業法律概念

第三章
企業與犯罪行為

第一節　刑法簡述

　　刑法旨在規範社會成員的行為，保障公共秩序與個人權利。它包含了一系列法律規則和機制，用來處理「犯罪行為」、維護正義和社會安全。

　　刑法總則是刑法體系中的核心部分，它規定了刑法的基本原則、犯罪的一般條件、刑罰的適用原則以及刑罰的具體種類和程度等重要內容。刑法總則主要指的是《中華民國刑法》的前半部分，是刑法的基礎，其內容涵蓋了多方面的法律規定和理論基礎，茲說明如下：

一、基本概念和歷史背景

刑法總則作為刑法的基本法規,其制定目的在於確立刑法體系的基本框架和運作機制,以保障社會秩序和個人權利,刑法總則的制定由於受到中國大陸法律的影響,尤其是民國時期,1949年政權遷台後,中華民國刑法在此基礎上進行了相應的調整與發展,形成了現今的刑法總則體系。

二、犯罪的一般條件

刑法總則規定了犯罪的一般條件,這些條件是指構成一個犯罪的必要要素,包括主觀方面和客觀方面的要求:

1. 主觀方面:即故意或過失。故意是指行為人明知自己的行為會構成犯罪,並願意承擔法律責任;過失則是指行為人由於疏忽或者過失而未能達到應有的注意義務,導致不慎觸犯刑法。
2. 客觀方面:包括犯罪行為、犯罪的結果以及行為人之間的因果關係。例如,盜竊行為、財物損失等。

犯罪的一般條件在法律上是明確且具體的,這些條件的成立對於法院判斷和確認犯罪事實至關重要。

三、刑罰的適用原則

刑法總則不僅規定了各種犯罪行為,還對刑罰的適用原則進行了具體規定,主要包括以下幾點:

1. 罪刑相當原則：刑罰的程度應當與犯罪的危害程度相當，以達到刑法的目的和社會的正義感。
2. 個別化原則：考慮到每個犯罪行為的具體情況和行為人的個人情況，對刑罰進行差別化的適用，以達到最大的社會效果。
3. 緩刑、免刑原則：在特定情況下，法院可以根據犯罪行為人的態度和行為進行緩刑或者免除刑罰，以鼓勵其改過自新和重新融入社會。

四、刑罰的種類和具體規定

刑法總則對刑罰的種類和具體規定進行了明確的規定，主要包括以下幾種：

1. 主刑：即法律明確規定的主要刑罰，例如有期徒刑、無期徒刑、死刑等。
2. 從刑：根據犯罪行為的特殊情況，法院可以對主刑進行增加或減輕，如罰金、剝奪政治權利等。
3. 附加刑：在主刑之外增加的刑罰，例如追徵或沒收財產、強制勞動等。

這些刑罰的種類和具體規定有助於確保刑法的執行和社會的穩定，同時在法律層面上對犯罪行為進行有效的約束和懲罰。

第二節　罪刑法定主義

罪刑法定主義是指法律界定了罪行及其刑罰，並規定法律在適用及解釋上必須明確、明文化的原則。這一原則的核心在於保障公民的法律預見性及法律安全性，防止政府濫用權力，保證公正及合法的司法程式。

法律的明文化與罪刑法定主義：

1. 法律明確性的要求：罪刑法定主義要求法律明確地界定何為犯罪行為及其對應的刑罰。這包括罪行的界定必須具體明確，刑罰的種類及程度也必須在法律中具體規定；例如，刑法明訂了數種基本犯罪行為，例如謀殺、強盜等，並明確列明瞭相應的刑罰，例如，銀行法（見章後案例一）。

2. 刑法解釋的限制：法院在解釋刑法時，必須遵守法律的明文規定，不能任意擴大或縮小罪行的範圍或刑罰的程度；例如，最高法院在判決中對於構成殺人罪的要件進行解釋，必須依據刑法明文的界定來判斷被告是否構成該罪（見章後案例二）。

3. 法律條文的明確度：法律條文的措辭應當清晰明確，以免因法律模糊而導致法律適用的不公或者誤解；例子如，在合併罪行的判斷上，法院必須根據法律明確規定的標準來判斷是否構成合併犯罪（見章後案例三）。

第三節　罪刑法定主義與企業

　　企業在經營過程中,必須清楚瞭解所有相關的法律法規,以避免違反法律而面臨的刑事責任,例如:
1. 公司法違規案例:假設一家企業在財務報告中故意虛報,以詐騙投資者或銀行貸款。根據刑法明文規定,如虛報數據達到構成詐欺罪的標準,企業的負責人或相關財務人員可能會面臨刑事起訴及相應的刑罰,例如罰款或者監禁。
2. 環境法違規案例:如果一家企業在生產過程中違反環境保護法規,導致嚴重的環境污染或生態破壞,根據相關的環境保護法律,企業可能需要負擔相應的刑事責任,包括罰款或者關閉企業等。

　　這些例子顯示出,罪刑法定主義不僅在個人刑法責任上有重要意義,同時也在企業犯罪責任及相應處罰上具有重要的影響。這種法定主義的實施,確保了法律的明確性和穩定性,有助於維護社會秩序和公平正義。

　　再者,罪刑法定主義的司法案例顯示了法律明文規定在刑事審判中的重要性和影響,易言之,即依法明文規定,不擅自擴大或減少罪行的適用範圍,並保障了公民的法律預見性和司法公正性。這些原則的遵循,確保了法律在刑事審判

中的穩定性和可預測性,從而維護了社會的法律秩序。

罪刑法定主義要求法律應當具體明確,這對企業而言尤其重要。企業在其經營活動中需遵守相應的法律標準和規範,例如環境保護法、勞動法等。這些法律對企業的行為提出了具體要求,企業必須依法行事,否則可能面臨法律責任和相應的刑罰(見章後案例四)。

第四節　習慣法禁止、類推使用禁止、及溯及既往禁止

除了罪刑法定主義的基本原則,法律體系中還包括了習慣法禁止、類推使用禁止以及溯及既往禁止等相關規定,這些規定對於法律的應用和解釋有著重要的影響。

一、習慣法禁止

習慣法禁止是指法律原則不得溯及既往,也就是法律不得對過去的行為或事件產生適用。在刑事法律中,這一原則確保了個人在行為時能夠依據當時的法律來判斷其合法性和後果,不會因為事後的法律變更而受到不當追究或處罰。這一原則的存在維護了法律的穩定性和預見性,避免了法律的隨意性和不確定性。

二、類推使用禁止

　　類推使用禁止則是指法律不能通過類比推斷來擴大其規定的適用範圍。法律條文應當明確具體，法律的適用不應基於類似情況的類比推斷。這一原則保護了個人和企業免受因法律解釋或法官判斷而產生的未曾預見的法律後果，確保法律的應用在法律文本明文的範圍內進行，以維護法律的確定性和公平性（見章後案例五）。

三、溯及既往禁止

　　溯及既往禁止則是指法律不能對過去的行為或事實產生反作用。這保護了個人和企業依據當時的法律來行事，不必擔心法律的變更會對其過去的合法行為或權益產生不利影響。溯及既往禁止確保了法律的穩定性和信賴性，同時避免了對當事人的不當侵犯或不合理處罰。

四、在企業及法人組織的適用

　　這些法律原則在企業及法人組織的適用中同樣具有重要意義。企業在其日常運營中需要依據當時的法律來進行合法經營活動，並且可以依賴這些法律原則來保護其合法權益和避免不當法律後果的產生。同時，企業在法律適用上也必須遵守相應的法律標準和規範，確保自身的行為合法合規（見章後案例五）。

第五節　三階段犯罪行為

刑法的三階段理論，為評估一項行為是否構成犯罪以及應負的刑事責任。這一理論分為構成要件該當性、違法性及罪責三個階段。

一、第一階段：構成要件該當性

構成要件，指法律明確規定的行為特徵，指引哪些行為會被視為犯罪。構成要件包含以下要素：

1. 行為主體：誰實施了該行為，如甲乙丙丁。
2. 行為：具體的行為本身，如殺人、偷竊、毆打等。
3. 行為客體：受該行為侵害的對象，如身體、財產等。
4. 結果：行為所導致的具體後果，如死亡、受傷、財損等。
5. 因果關係：行為與結果之間必須有因果關聯，如甲推倒乙導致乙受傷致死，因此，行為完全符合構成要件的所有要素時，才能進一步檢查其違法性。

二、第二階段：違法性

違法性是對已符合構成要件的行為進行進一步審查，確認該行為是否具有法律上不被允許的性質。違法性檢查主要考量以下兩個方面：

1. 違法阻卻事由：即使行為符合構成要件，但在特定情況下，法律允許該行為不被視為違法，如正當防衛、緊急避難、執行職務等。
2. 正當理由：如行為人行使合法權利或履行法定義務時所為之行為。

三、第三階段：罪責

罪責指行為人對其違法行為應負的法律責任。罪責判斷主要考量行為人的主觀狀態和責任能力，包括以下幾點：

1. 故意與過失：行為人是否有故意或過失，故意是行為人有意為之，過失是行為人疏忽大意。
2. 責任能力：行為人是否具備辨認和控制行為的能力，如精神狀態是否正常、年齡是否達到刑事責任年齡（通常為 14 歲）。
3. 責任減免事由：如行為人因精神病或其他原因無法控制自己的行為，則可能減輕或免除其刑事責任。

第六節　刑法的法益與附屬刑法

　　刑法的法益有分三類，為個人法益、社會法意、及國家法益（如圖 2）。

　　個人法益是法律上對個人的利益或權益保障，這些法益是法律制度所保護的基本權益，使其免受不當侵犯；個人法益的概念涉及到個人的基本權利、自由和尊嚴，涵蓋了廣泛的範疇（見章後參考法條摘錄一、案例六、七、八、九、十）。

　　社會法益泛指法律保護的公共利益和社會價值，這些法益關係到社會秩序的維護和公眾的安全，注重整體社會的福祉和秩序公共安全，包括防止和處罰危害公共安全的行為，如縱火、爆炸，再如對社會的不安定及毀壞公共財物等行為有明確的刑罰規定（見章後參考法條摘錄二、案例十一、十二、十三）。

　　國家法益指法律所保護的與國家存續、安全及其基本功能相關的利益。這些法益關係到國家整體的安全、穩定及其運作的正常性，刑法對這些利益的保護是維持國家長治久安，國家法益中是對危害國家安全的行為的刑事處罰，如叛國罪、間諜罪、顛覆罪等；這些罪行可能危害國家主權、領土完整及其政治制度，因此刑法對這些行為設有嚴格的制裁措施，再如對妨害公務的行為，如公職人員受賄、職權濫用

等，再如其它涉及國家經濟利益的犯罪行為（見章後參考法條摘錄三）。

由於社會快速變化，所以犯罪的樣態變得繁多，普通刑法的規定也無法因應犯罪內涵，需要進一步以「附屬刑法」的方式來應對，例如，「食品衛生安全管理法」（見章後參考法條摘錄四、案例十四、十五、十六、十七），「廢棄物清理法」（見章後參考法條摘錄五、案例十八），這些更是從事企業經營所應注意的。

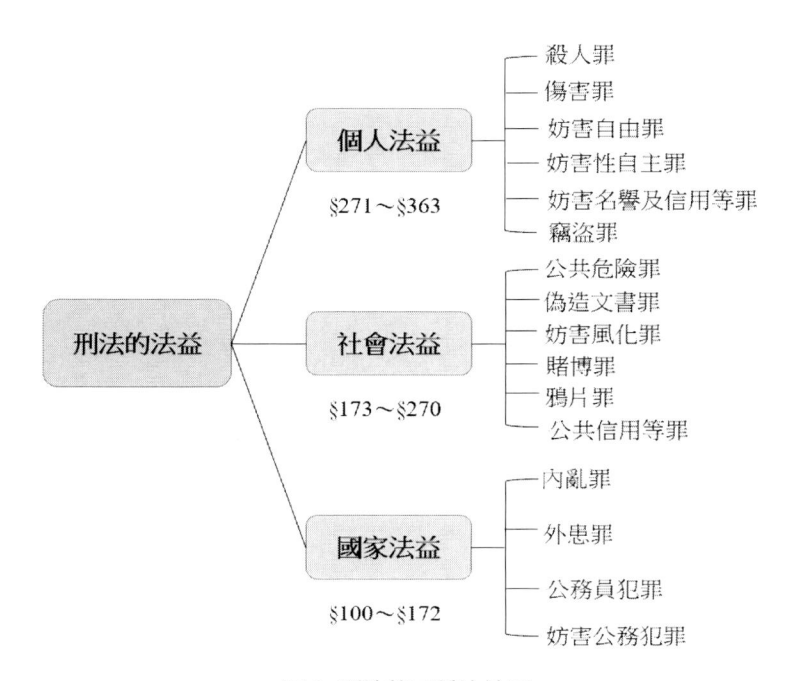

```
刑法的法益
├── 個人法益 §271～§363
│   ├── 殺人罪
│   ├── 傷害罪
│   ├── 妨害自由罪
│   ├── 妨害性自主罪
│   ├── 妨害名譽及信用等罪
│   └── 竊盜罪
├── 社會法益 §173～§270
│   ├── 公共危險罪
│   ├── 偽造文書罪
│   ├── 妨害風化罪
│   ├── 賭博罪
│   ├── 鴉片罪
│   └── 公共信用等罪
└── 國家法益 §100～§172
    ├── 內亂罪
    ├── 外患罪
    ├── 公務員犯罪
    └── 妨害公務犯罪
```

圖 2. 刑法的三種法益圖

《案例一》前○○集團第三代詐貸搞出 9.8 億呆帳

前○○集團第三代在台灣○○國際公司擔任董事長、特助,多年前假造「電子零組件訂單」向 14 家銀行詐貸逾 164 億元,直到資金周轉不靈,銀行才察覺被騙,最終留下 9.8 億呆帳。台北地檢署依《銀行法》等罪嫌起訴求刑 8 年。

2024 年 11 月台北地院歷經 5 年審理,判○○○ 18 年、併科罰金 100 萬元,○○○ 14 年 8 月。全案可上訴。

《案例二》最高法院判高雄市籍船長殺人案

　　2025 年 1 月最高法院駁回上訴，更三審判汪○○ 26 年刑期的殺人罪刑，由於「○○ 101 號」漁船設籍於某市，「堪認被告係在我國領域內之某市籍漁船上共同實行持有槍彈及殺人等犯行」，依刑法規定，法院自有審判權及管轄權。

　　全案起於，受僱某漁業公司的汪男是「○○ 101 號」漁船代理船長，期間他僱用 2 名外籍武裝保全，並同意武裝保全攜帶半自動步槍及子彈登船。

　　「○○ 101 號」漁船於民國 101 年 9 月 29 日中午 12 時許與其他 2 艘漁船在索馬利亞首都摩加迪休東南方外海的公海作業時，遇到疑為海盜 4 名成年男子搭著武裝木殼船靠近。

　　其中一艘國籍不詳漁船先衝撞翻木殼船，導致木殼船上 4 人落海，汪男明知 4 人已無反擊能力，涉嫌指示 2 名武裝保全朝 4 人開槍射擊，致中彈流血死亡。

　　「○○ 101 號」漁船船員當時全程拍攝影片，輾轉遭人上傳至 YouTube 影音平台，國際海事局海盜通報中心通報海巡署第五海巡隊後，全案移送地檢署指揮偵辦；汪男於 109 年 8 月間搭乘漁船到高雄港 53 號碼頭時，因通緝犯身分遭到逮捕。

　　地檢署依殺人罪嫌起訴汪男。法院一、二審認定汪男涉犯 4 個殺人罪（各判 13 年），判處應執行有期徒刑 26 年；最

高法院認為須釐清是否為汪男「指示」武裝保全開槍等疑點，將全案發回高分院更審。

高分院更一審勘驗相關影像證據，認為落海 4 名被害者中，其中有 3 人是武裝保全未經指示開槍射擊，影片中僅能看出汪男下令指示射殺最後 1 人，將汪男改依 1 個殺人罪判刑 13 年徒刑；最高法院再度將案件撤銷發回更審。

高雄高分院更二審指出，汪男本可以船長權力，阻止外籍傭兵開槍，但依槍擊影像顯示，未見汪男有任何阻止行為，反而在 2 人遭擊斃後，指示搜尋其他落海人員並喊開槍，堪認汪男自始即有指示武裝保全搜索射殺 4 人犯意，判刑 13 年。經上訴，最高法院撤銷更二審判決，發回更審。

高分院更三審認定，汪男身為船長，見 4 人搭乘的小船遭他船撞擊翻覆，4 人落海並在海面上掙扎求生，明顯已喪失自救能力，卻下令武裝保全搜索擊斃 4 人，導致 4 人身中數槍而葬身海底，行為明顯蔑視他人生命價值。

更三審審酌，汪男犯後否認全部犯行，飾詞圖卸，難認有悔意，考量他主觀上認定 4 人均為海盜，基於長年從事海上活動，對海盜惡行的恐懼，進而下令射殺犯罪動機等，判應執行 26 年徒刑。案經上訴，最高法院駁回，全案定讞。

《案例三》KTV 火災案

　　震驚全台的錢櫃 KTV A 地市林森店，於 2020 年 4 月 26 日發生大火，造成 6 人死亡、72 人受傷慘劇，輿論譁然，檢方依過失致死罪起訴錢櫃董事長等 7 人，A 地地院 2024 年 5 月判董事長無罪，過失傷害罪判公訴不受理；無罪原因是合議庭認為董事長基於公司分層負責，不對店內消防事務負責，故判無罪；但公司違反職安法，未提供適當的職業安全設備及措施，科處罰金 30 萬元。

　　新聞稿以該公司董事長已依法設置、維護消防安全設備，且基於公司分層負責的理由，不對錢櫃林森店內的消防安全事務負責，從而不須付消防法、職業安全衛生法、刑法過失致人於死、過失致傷的刑責，合議庭認為，消防法所謂的「維護」，是指依規定定期保養，並非指須無時無刻確保消防安全設施處於可以使用狀態而言。該董事長同時兼任多家公司董事長，本質上無從隨時指揮監督林森店內事務，且依證述與公司資料，錢櫃內部有明確分層負責，林森店最高主管是店長，董事長平時也不對店內部事務進行任何指揮監督。

　　承攬林森店增設電梯工程的工程行負責人，被依過失致死罪判處 3 年徒刑，他當時在施工時進入儲藏室，替雷射水

平測量儀充電,再到其他樓層工作,電池因品質異常又無人看守,充電一個多小時後著火導致大火。

另外,錢櫃林森店店長與副店長,偕同工程師是為林森店電梯工程專案負責人,3人於電梯工程施工期間,疏未注意消防安全設備無法使用,未注意器材中充電狀況而發生火警,致店內消防安全設備未能發揮作用,導致6人死亡、72人受傷,襄理依其職務無從負責店內消防安全,判無罪。北院因此認定此三人也應付過失致死罪責,店長判刑1年2月、副店長1年、工程師判2年,3人皆緩刑4年,義務勞務個60至100小時。

《案例四》美國星巴克外送員被飲料嚴重燙傷 判賠 16.5 億,可上訴

美國一名外送員在洛杉磯星巴克得來速拿飲料時,熱飲意外翻倒,導致他嚴重燙傷,而且生殖器受到嚴重神經損傷。這名男子指控美國星巴克熱飲杯蓋沒有蓋好,才會害他燙傷。雙方纏訟長達五年,陪審團在 14 日裁定,星巴克必須賠償 5 千萬美元,大約新台幣 16.5 億,堪稱是史上最高的天價賠償金。

雙手捧著杯架上的熱飲,送到顧客手中,沒想到下一秒整個杯架突然翻倒,滾燙的飲料直接灑在腿上,顧客當場痛得仰頭哀號,似乎還因此誤踩油門,車子往前移動。這起事件發生在 2020 年,洛杉磯這名男子在當地的星巴克,透過得來速窗口取餐,沒想到卻慘遭燙傷,生活徹底改變。

遭燙傷男子律師大衛:「他的手指三度燒傷,骨盆區域則二至三度,當神經恢復、痊癒後,他又重新練習走路,這需要一段時間練習,因為他整個身體部位都遭受全面傷害。」

男子躺在病床上,看起來傷勢不輕,他住院超過 2 周,經過多次手術,神經、生殖系統永久性受損,更因此患有嚴重的創傷後壓力症候群。

遭燙傷的男子是一名外送司機,他指控店員沒有把將飲料蓋好、裝好,害他燙傷,對美國星巴克提告。

遭燙傷男子律師羅利：「如果我們（員工）的手沒有離開飲料，那麼無論發生什麼事，我們（星巴克）就沒有責任。」

雙方纏訟長達 5 年，加州高等法院陪審團判決出爐，裁定美國星巴克必須賠償高達 5000 萬美元，相當於新台幣約 16.5 億元，堪稱天價賠償金。針對這起判決，美國星巴克堅持上訴。

《案例五》類推使用禁止的例子

某企業在國外廣告代言中使用了其他公司的廣告代言類似的方式,但這種方式當時符合國外的廣告法規,並且沒有引起任何法律爭議,不過回台廣告代言可能必須進行修改,避免有智財權侵權的疑慮。

《案例六》下班回訊息可算加班嗎？

公務機構組織對於刑法的犯罪也是依循上述三項原則，以下是公部門組織的案例：某鄉公所主秘以下班時間與公所人員互傳訊息或通話為由，申報長達 82 小時加班費，被認定涉犯詐欺取財罪，法官考量初犯且坦承犯罪，一審宣判合併執行 1 年 10 月徒刑、得易科罰金，緩刑 5 年，並向公庫支付新台幣 10 萬元，及成法制教育課程 4 場次，可上訴。

公所人員表示，有時候下班會收到鄉長的 Line 訊息，有時主秘在下班後也會傳 Line 訊息或通話，如果有這種情形，雖然是下班後但也不能不回應，這部分只是網路上的訊息溝通，不會報加班，也不會想要報加班。

然而主秘卻把與公所人員互傳訊息或通話時間，認定為「實際加班時數」，總計申報加班時數共 82 小時，被因此認定涉犯貪汙治罪條例中的詐欺取財。

《案例七》設計師之訴

　　小有名氣的室內裝潢設計師，承攬甲女家中工程，因無法接受對方的幾項批評，憤而提起民事訴訟，要她賠償六十萬精神慰撫金，○○地院法官審理發現甲女的指責均有所本，痛批該設計師「不能自恃有才，就要業主只能默默閉嘴！」駁回設計師之訴。

　　法官調查雙方對話，設計師因認張女問太多問太細，不耐煩的說「我自認我服務的很好了，如果妳有任何不滿意的地方，麻煩更換設計師，我們頻率不對，謝謝」。

　　糾紛的起源，來自簽訂室內裝修工程承攬契約書，完工後甲女指控他未監工，其使用具毒性之油性漆在電視牆打底，還在他臉書粉絲專頁表示「設計師沒有職業操守」，設計師憤而求償精神慰撫金 60 萬元。

　　法官發現油漆罐的警語處標明「警告：不得使用於室內！」可見油性水泥漆對於長時間居住在屋內之人具有毒性，危害健康，事後甲女與該設計師的公司於○○縣政府消保官辦公室達成協調，公司同意給付甲女 5 萬元作為瑕疵補償，並對本工程尾款不再請求。

　　因此法官認為，甲女所為言論是針對具體事實，依個人價值判斷，提出與事實有關聯的自我意見或評論，應屬可受

有室內裝修需求之大眾消費者公評之言論,且並沒有使用偏激不堪之詞彙,更不是以毀損設計師名譽、商譽、信用為目的,是依客觀事實作為根據,其言論及評價並未逾越合理評論範圍。其工作品質好壞,不能說與公益無關,當以最大容忍,接受社會大眾之檢視及監督,「不能自恃有才,就要業主只能默默閉嘴!」最後駁回設計師之訴。

《案例八》消費糾紛絕不動手

在飲料店工作的甲女，因與乙女顧客發生消費糾紛，甲女按照店內規定，要先向客人道歉再解釋，但乙女卻趁甲女鞠躬道歉時，用手巴了她的頭，甲女不爽提告，○○地院依強暴公然侮辱罪判罰 7 千元，得易服勞役。

判決指出，乙女趁午休時間到公司附近的知名連鎖飲料店買手搖杯，店員疑似太過忙碌，把她的飲料做錯，乙女拿到飲料後發覺不對，回到店內找店員理論。

法官勘驗店內監視器，確認乙女曾出手推、打甲女，犯行明確，甲女道歉的行為是出於公司規定，而不是乙女強迫她做的，難以認定構成強制罪，但她當眾推、打甲女的行為，顯然欠缺尊重他人名譽的觀念，因此依強暴公然侮辱罪判罰 7 千元，得易服勞役，可上訴。

《案例九》犯罪成立的要件 ——
　　　　公然猥褻、違反個資（屬行政法）、
　　　　妨害秘密罪

　　A女全裸在海岸拍藝術照，B男錄影並傳給友人觀看。A女被控涉犯公然猥褻罪，檢方偵查後不起訴，B男涉嫌違反個人資料保護法，檢方認定犯行起訴。

　　事發經過，A女在海岸全裸拍照，B男把車停在台2線旁並拿手機錄影，事後將A女裸體影片傳給他人，最後被轉傳進Line群組，A女被控涉嫌公然猥褻，檢方查無誘使他人性慾或色慾行為不起訴。B男傳送A女裸體影片，檢方認定犯行，依違反個人資料保護法罪嫌起訴。

　　另外A女控告B男無故用手機錄影，竊錄她非公開活動及身體隱私部位部分，檢方查出A女拍照沙灘無足以阻擋他人視線之物，也未架設帳棚、簾幕、陽傘等設備確保隱密性，難認一般人得以確認A女及攝影團隊，主觀上具有隱密性期待，因此B男被控妨害秘密罪不起訴。

　　B男拍下A女全裸影像後傳給友人，最終被上傳到網路流傳。檢方認為，B男雖未取得財產利益，但已損害A女人格利益，違反個人資料保護法規定，依法起訴。B男友人轉傳部分另案偵辦中。

第三章　企業與犯罪行為

　　A女被控公然猥褻部分，她辯稱拍照時雖然沒有穿著衣物，但那是為了藝術創作，目的在呈現與大自然的結合，所以她拍照動作，僅有摸土地或指天空，並無其他猥褻動作。檢方調查A女拍照過程，僅可見她站立在沙灘，擺出拍照姿勢供攝影團隊拍照，並未客觀上有足以誘使他人性慾或色慾舉動或行為，又無其他證據佐證A女有猥褻行為，犯罪嫌疑不足不起訴。

第一篇　建立企業法律概念

> 《案例十》價值 35 元！
> 　　　女博士取走台南某飯店大廳茶包，
> 　　　　挨告竊盜判刑出爐

　　台南地方法院判決，一名自稱擁有博士學歷的獨居蕭姓女士，進入台南一間商務型旅店，並在大廳取用 17 包茶包，旅店人員當場抓包，並通知警察將她逮捕，該案經審理後，法院判決蕭姓女士因犯竊盜罪，處拘役 20 日，而偷竊的 17 包茶包中，因有一包已當場沖泡飲用，法院判決，未扣案犯罪所得的奶茶 1 包沒收，在全部或一部分不能沒收、或不宜執行沒收時，將追徵其價額，等同賠償給旅店。

　　為了 17 包總價值為 35 元的即沖型茶包，包括咖啡包、茶包及奶茶包在內，一名蕭姓女博士因而吃上官司。由於旅店人員堅稱，若無住宿或在旅店消費的客人，大量拿取旅店內的備品，其實是違法的。旅店人員表示，若在無住宿或消費的情況下，客人僅能在現場單次取一包飲用，但若一次大量拿取，旅店人員便會上前制止。

　　而該名蕭姓女士，在未經取得旅店人員的同意下，當場沖泡了一包奶茶包飲用，並同時取走另外 16 包未開的茶包裝進包包帶走。此舉遭旅店蔡姓人員當場攔下，並報警將她逮捕。

蕭姓女士則向法官解釋，自己未有犯意，且旅店也未張貼公告表示，茶包不能供非住宿旅客拿取，當天服務生還對她說可多拿幾包，泡兩包最好喝。法院對此說法不予採信，仍依竊盜罪判處拘役 20 天。

旅店人員表示，蕭姓女士在此案之前，已多次在旅店的大廳大量取走櫃台上的茶包，經人員勸阻皆無效，蕭女仍繼續順手牽羊；最終因蕭女再次取用 17 包茶包，旅店則不再隱忍，直接報警。

且旅店人員堅稱，一般人都知道有在旅店內消費、住宿，才可以使用這些東西，但確實並沒有特別標明限入住旅客才可以使用，不過也未註明「歡迎取用」等字樣。

法院最終判處蕭姓女士犯竊盜罪，處拘役 20 日，若易科罰金，則以一千元折算一日。此外，除當場沖泡的奶茶包需追徵其價額，其餘則採沒收處理。

《案例十一》沒有共見共聞不公開，賭博網站依然是賭博

商辦大樓開設科技公司，涉嫌專替境外賭博網站，擔任賭網客服工作，每月收取14萬美金傭金，約400多萬台幣，刑事局偵破博弈集團短短四個月，下注金額就高達逾$1200億。

當這些網路的賭客，遇到無法出金、入金與操作的相關問題，透過賭網進行諮詢時，該公司的客服人員便會打字進行回應，協助解決問題，而警方從查扣的資料，發現員工達上百人之多。警方經蒐證後前往查緝，逮捕負責人夫妻檔、以及公司幹部、客服等共31人到案，查扣電腦主機69組與手機、平板電腦等贓證物，並經向法院聲請裁定扣押公司、負責人等人帳戶合計800餘萬，依賭博罪移送地檢署偵辦。

《案例十二》名錶洗產地犯詐欺及妨害農工商罪

甲公司負責人多年前購入 S 國名錶商標後，除機芯從 S 國進口外，其餘零件均為自行生產或購買，在台灣、香港、大陸組裝後，部分組件還從香港轉送回 S 國組裝，以獲得「S 國產地證明」，14 年來已在各百貨專櫃或網路平台賣出 2 萬 6 千多支，獲利 4 億 7 千多萬元，地檢署調查後，將董事長依妨害農工商罪、加重詐欺罪等起訴。

市調處發現甲公司除機芯自 S 國進口外，其餘零件均為自行生產或購買，先將錶面和錶殼底蓋標記為"S 國 MADE"，並將少部分手錶組件出口至香港後轉送至 S 國組裝，以獲得「產地證明」，實則大部分都是師傅自行組裝。

負責人還指示員工隨產品附進口完稅證明文件，證明手錶來自 S 國，經法務部國際及兩岸法律司透過外交部向 S 國政府提出司法互助，2022 年 9 月 22 日獲 S 國政府函覆名錶在 S 國實際組裝型號、數量，經比對後再度證實大多數標榜"S 國 MADE"，其實並非在 S 國組裝。

從 2016 年 11 月至 2020 年 12 月 30 日期間，透過各大百貨專櫃和購物平台賣出非 S 國組裝手錶 2 萬 6828 支，不法所得 4 億 7541 萬 8032 元，檢方調查後將依妨害農工商罪及詐欺罪嫌起訴。

《案例十三》宮廟「補財庫」，金紙餘燼釀大火燒 3 戶，董事長被判 4 月刑

宮廟舉辦「補財庫」活動，信徒燒金紙的餘燼從金爐煙囪縫隙飄散，引燃隔壁民宅火勢蔓延 3 戶房屋，法院根據火災鑑定等，認定宮廟董事長未盡維護金爐煙囪責任有疏失，釀被害人損失，依失火罪判他 4 月徒刑，可上訴。

檢警調查，宮廟董事長應注意定期檢修金爐煙囪，避免燒金紙餘燼飄散引發火災，卻疏於未注意，當舉辦「補財庫」活動，信徒燃燒金紙時因金爐煙囪網罩和頂蓋未密合，導致餘燼飄散、點燃一旁房屋頂樓枯枝落葉。

結果火勢蔓延，再往旁延燒 3 戶民宅，造成其中 1 間空屋、2 間承租房子受有多處燒毀、內部碳化崩塌，所幸沒有人員傷亡。地院審理時，董事長矢口否認犯行，辯稱起火點是一旁民宅，不是因廟燒金紙引起；有信徒證稱，在廟裡聊天時，有信徒突然說「那裡怎麼有火？」轉頭驚見一旁民宅窗戶出現火光，試圖用滅火器仍撲滅不了就通報消防。

消防局鑑定指出，起火民宅內有發現「金紙餘燼鋁箔」，顯示燒金紙餘燼有飄落至該處跡象，且距離民宅起火點不遠處，就是宮廟金爐的煙囪，經檢視其金屬網罩與頂部也未密合。

法院綜合火災鑑定意見、現場採證照片及信徒補財庫燒金紙時序等，認定火災應是宮廟金爐煙囪疏於修繕，金紙餘燼自縫隙飄出才引起。

　　法院審酌，吳男身為善修宮董事長未盡維護修繕金爐煙囪責任，導致火災釀被害人損失，且其否認犯行、沒有和解，依失火燒燬現供人使用之住宅罪判他4月，得易科罰金。

《案例十四》越南茶裝台產！大稻埕百年茶行遇詐「不起訴」

　　台北市大稻埕一間百年茶行，傳出遭到上游廠商，以境外茶葉加工詐騙。士林地檢署調查，是南投地區的茶葉商，將 從越南進口的金萱茶混合 台灣茶，假冒成南投杉林溪的高山茶，透過包裝加工，翻倍轉售給大稻埕百年老茶行，不過茶行老闆表示當初完全不知情，檢方也以不起訴處分，至於南投的茶葉商夫妻二人，則被依詐欺和販售假冒食品等罪起訴。

　　茶葉放入杯內，沖入熱水浸泡幾分鐘後，端出一杯好茶，古色古香的建築，其實是大稻埕一家百年老茶行，經營多年受到顧客愛戴，如今傳出遭到上游廠商詐騙，拿境外茶以假亂真。

　　警方和衛福部追查，檢驗出架上的金萱茶，確實有混入境外茶葉，檢方查出這家百年茶行，向上游購買480斤茶葉，經過焙製和包裝後，產地標示為台灣茶販售，但檢驗有問題火速下架，檢方認為負責人不知情，罪嫌不足不起訴，不過南投鹿谷的茶葉商夫妻，則涉嫌詐欺等罪，遭到起訴追徵52.5萬。台北市大稻埕百年茶行王老闆說：「他們（警方）來查的時候，我們才發現說，怎麼可能，我們是真的覺得被騙了，我們完全是在一個不知情的狀態之下。」

第三章　企業與犯罪行為

　　當事南投鹿谷茶葉廠商負責人夫婦說：「杉林溪茶區，它的溫溼度，它的溫度大概在 20 度跟 22 度左右。」被起訴的是他們，南投鹿谷在地經營多年的老字號業者，標榜茶葉品質一流，卻造假茶葉產地，涉嫌用每台斤 300 元的越南金萱茶，混和台灣金萱，假冒是南投杉林溪生產的高山茶，翻倍賣出。

　　台北市大稻埕百年茶行王老闆說：「跟這位茶農合作，其實已經是世代之交了，我們也很信任茶農，現在金萱，我們要向上找其他合作廠商。」百年老茶行，近年積極創新，不只和知名牛排館合作，還曾和故宮聯名商品，就怕自家招牌蒙上陰影，商品已經全數下架，但難避免聲譽受影響。

《案例十五》販賣過期食材犯刑法

頂級燒肉店爆出使用過期食材,遭衛生局重罰 144 萬元,勒令停業,地檢署分案調查後,另在接獲檢舉指出位於熱門商圈的其他和牛燒肉店,也涉嫌使用過期食材、篡改標籤,今兵分多路搜索 2 間店,朝偽造文書、詐欺等罪嫌複訊中。

檢方說,全案查扣相關進銷貨明細、電腦標籤等資料,並傳訊上開公司負責人及相關員工等 8 人,全案依刑法販賣妨害衛生物品、詐欺、偽造文書罪複訊中。

《案例十六》販賣有毒食材，企業撤照

蘇丹紅食材擴大食安疑慮後，衛生局與地檢署聯合調查物流、金流相關事證，發現其關係企業存在錯綜複雜關係，鄰近兩個地址，總共一個地址是 6 家、另外一個地址是 3 家。衛生局與檢方查扣相關事證及產品逐批釐清檢驗，截至目前為止，依據調查確認諸多違規事證，衛生局處分其關係密切公司共 11 家停業 6 個月、累計罰款 438 萬元。

衛生局表示，上述關係企業故意惡性透過不當手法輸入有毒辣椒粉影響各食品產業中下游情節重大，引發社會動盪和經濟市場衝擊，依據食品安全衛生管理法第 44 及 47 條規定，廢止上述 11 家公司食品業業務登記事項及食品業者登錄，不得從事食品、食品添加物、食品器具、食品容器或包裝、食品用洗潔劑等之製造、加工、調配、包裝、運送、貯存、販賣、輸入、輸出，違規情節重大，依法予以撤照。

《案例十七》擅改食品效期犯食安法

經營高檔生鮮食材超市,卻被查出販售過期食品,衛生局稽查時,當場查獲超市食品竄改有效期限。該店店長發現冷凍庫各類生鮮肉品及火鍋料等食品保存期限不滿 1 年,因擔心銷毀後虧損,於是將食品拆封後分裝,上架販售時,再重新打印保存期限販售給不知情消費者。

接獲檢舉後發動搜索,派員前往 3 家門市查緝,當場發現竄改效期過期生鮮食品 184 包及有效期疑慮食品 81 包等,店內販售的烤地瓜可樂餅、酒甘赤鯛、卡士達鯛魚燒都中標,部分改標食品已被消費者吞下肚,複訊後承認改標,全案依違反食品安全衛生管理法、詐欺等罪嫌擴大偵辦中。

《案例十八》廢棄物污染環境被起訴

知名食品業者的中央廚房，將製造過程產生的廢油泥交由環保工程行處理後，工程行員工竟隨機在地區偏遠街道，直接插管排入路旁水溝或下水道、或以水肥名義投入污水處理廠，嚴重污染環境。

地檢署指揮調查局調查處聯合市政府環保局兵分 10 路搜索，傳喚 15 人到案說明，全案訊後中央廚房副廠長及環保工程行等多名員工各被以 10 萬至 50 萬元交保後傳，衛生工程行負責人依違反廢棄物清理法等罪聲押禁見獲准。

參考法條摘錄一

《中華民國刑法》個人法益法條

第271條：(1)殺人者，處死刑、無期徒刑或十年以上有期徒刑。

(2)前項之未遂犯罰之。

(3)預備犯第一項之罪者，處二年以下有期徒刑。

第276條：因過失致人於死者，處五年以下有期徒刑、拘役或五十萬元以下罰金。

第278條：(1)使人受重傷者，處五年以上十二年以下有期徒刑。

(2)犯前項之罪因而致人於死者，處無期徒刑或十年以上有期徒刑。

(3)第一項之未遂犯罰之。

第283條：聚眾鬥毆致人於死或重傷者，在場助勢之人，處五年以下有期徒刑。

第284條：因過失傷害人者，處一年以下有期徒刑、拘役或十萬元以下罰金；致重傷者，處三年以下有期徒刑、拘役或三十萬元以下罰金。

第 302 條：(1)私行拘禁或以其他非法方法，剝奪人之行動自由者，處五年以下有期徒刑、拘役或九千元以下罰金。

(2)因而致人於死者，處無期徒刑或七年以上有期徒刑；致重傷者，處三年以上十年以下有期徒刑。

(3)第一項之未遂犯罰之。

第 304 條：(1)以強暴、脅迫使人行無義務之事或妨害人行使權利者，處三年以下有期徒刑、拘役或九千元以下罰金。

(2)前項之未遂犯罰之。

第 305 條：以加害生命、身體、自由、名譽、財產之事恐嚇他人，致生危害於安全者，處二年以下有期徒刑、拘役或九千元以下罰金。

第 308 條：(1)第二百九十八條及第三百零六條之罪，須告訴乃論。

(2)第二百九十八條第一項之罪，其告訴以不違反被略誘人之意思為限。

第 309 條：(1)公然侮辱人者，處拘役或九千元以下罰金。

(2)以強暴犯前項之罪者，處一年以下有期徒刑、拘役或一萬五千元以下罰金。

第 310 條：(1) 意圖散布於眾，而指摘或傳述足以毀損他人名譽之事者，為誹謗罪，處一年以下有期徒刑、拘役或一萬五千元以下罰金。

(2) 散布文字、圖畫犯前項之罪者，處二年以下有期徒刑、拘役或三萬元以下罰金。

(3) 對於所誹謗之事，能證明其為真實者，不罰。但涉於私德而與公共利益無關者，不在此限。

第 315 條：無故開拆或隱匿他人之封緘信函、文書或圖畫者，處拘役或九千元以下罰金。無故以開拆以外之方法，窺視其內容者，亦同。

第 316 條：醫師、藥師、藥商、助產士、心理師、宗教師、律師、辯護人、公證人、會計師或其業務上佐理人，或曾任此等職務之人，無故洩漏因業務知悉或持有之他人秘密者，處一年以下有期徒刑、拘役或五萬元以下罰金。

第 317 條：依法令或契約有守因業務知悉或持有工商秘密之義務而無故洩漏之者，處一年以下有期徒刑、拘役或三萬元以下罰金。

第 320 條：(1) 意圖為自己或第三人不法之所有，而竊取他人之動產者，為竊盜罪，處五年以下有期徒刑、拘役或五十萬元以下罰金。

(2) 意圖為自己或第三人不法之利益,而竊佔他人之不動產者,依前項之規定處斷。

(3) 前二項之未遂犯罰之。

第 339 條:(1) 意圖為自己或第三人不法之所有,以詐術使人將本人或第三人之物交付者,處五年以下有期徒刑、拘役或科或併科五十萬元以下罰金。

(2) 以前項方法得財產上不法之利益或使第三人得之者,亦同。

(3) 前二項之未遂犯罰之。

第 358 條:無故輸入他人帳號密碼、破解使用電腦之保護措施或利用電腦系統之漏洞,而入侵他人之電腦或其相關設備者,處三年以下有期徒刑、拘役或科或併科三十萬元以下罰金。

參考法條摘錄二

《中華民國刑法》社會法益法條

第 173 條：(1) 放火燒燬現供人使用之住宅或現有人所在之建築物、礦坑、火車、電車或其他供水、陸、空公眾運輸之舟、車、航空機者，處無期徒刑或七年以上有期徒刑。

(2) 失火燒燬前項之物者，處一年以下有期徒刑、拘役或一萬五千元以下罰金。

(3) 第一項之未遂犯罰之。

(4) 預備犯第一項之罪者，處一年以下有期徒刑、拘役或九千元以下罰金。

第 174 條：(1) 放火燒燬現非供人使用之他人所有住宅或現未有人所在之他人所有建築物、礦坑、火車、電車或其他供水、陸、空公眾運輸之舟、車、航空機者，處三年以上十年以下有期徒刑。

(2) 放火燒燬前項之自己所有物，致生公共危險者，處六月以上五年以下有期徒刑。

(3) 失火燒燬第一項之物者，處六月以下有期徒刑、拘役或九千元以下罰金；失火燒燬前項之物，致生公共危險者，亦同。

(4) 第一項之未遂犯罰之。

第 185-3 條：(1) 駕駛動力交通工具而有下列情形之一者，處三年以下有期徒刑，得併科三十萬元以下罰金：

　　　　一、吐氣所含酒精濃度達每公升零點二五毫克或血液中酒精濃度達百分之零點零五以上。

　　　　二、有前款以外之其他情事足認服用酒類或其他相類之物，致不能安全駕駛。

　　　　三、尿液或血液所含毒品、麻醉藥品或其他相類之物或其代謝物達行政院公告之品項及濃度值以上。

　　　　四、有前款以外之其他情事足認施用毒品、麻醉藥品或其他相類之物，致不能安全駕駛。

(2) 因而致人於死者，處三年以上十年以下有期徒刑，得併科二百萬元以下罰金；致重傷者，處一年以上七年以下有期徒刑，得併科一百萬元以下罰金。

(3) 曾犯本條或陸海空軍刑法第五十四條之罪，經有罪判決確定或經緩起訴處分確定，於十年內再犯第一項之罪因而致人於死者，處無期徒刑或五年以上有期徒刑，得併科三百萬元以下罰金；致

重傷者，處三年以上十年以下有期徒刑，得併科二百萬元以下罰金。

第 187 條：意圖供自己或他人犯罪之用，而製造、販賣、運輸或持有炸藥、棉花藥、雷汞或其他相類之爆裂物或軍用槍砲、子彈者，處五年以下有期徒刑。

第 190-1 條：(1)投棄、放流、排出、放逸或以他法使毒物或其他有害健康之物污染空氣、土壤、河川或其他水體者，處五年以下有期徒刑、拘役或科或併科一千萬元以下罰金。

(2)廠商或事業場所之負責人、監督策劃人員、代理人、受僱人或其他從業人員，因事業活動而犯前項之罪者，處七年以下有期徒刑，得併科一千五百萬元以下罰金。

(3)犯第一項之罪，因而致人於死者，處三年以上十年以下有期徒刑；致重傷者，處一年以上七年以下有期徒刑。

(4)犯第二項之罪，因而致人於死者，處無期徒刑或七年以上有期徒刑；致重傷者，處三年以上十年以下有期徒刑。

(5)因過失犯第一項之罪者，處一年以下有期徒刑、拘役或科或併科二百萬元以下罰金。

(6) 因過失犯第二項之罪者，處三年以下有期徒刑、拘役或科或併科六百萬元以下罰金。

(7) 第一項或第二項之未遂犯罰之。

(8) 犯第一項、第五項或第一項未遂犯之罪，其情節顯著輕微者，不罰。

第 191 條：製造、販賣或意圖販賣而陳列妨害衛生之飲食物品或其他物品者，處六月以下有期徒刑、拘役或科或併科三萬元以下罰金。

第 195 條：(1) 意圖供行使之用，而偽造、變造通用之貨幣、紙幣、銀行券者，處五年以上有期徒刑，得併科十五萬元以下罰金。

(2) 前項之未遂犯罰之。

第 201 條：(1) 意圖供行使之用，而偽造、變造公債票、公司股票或其他有價證券者，處三年以上十年以下有期徒刑，得併科九萬元以下罰金。

(2) 行使偽造、變造之公債票、公司股票或其他有價證券，或意圖供行使之用而收集或交付於人者，處一年以上七年以下有期徒刑，得併科九萬元以下罰金。

第 206 條：意圖供行使之用，而製造違背定程之度量衡，或變更度量衡之定程者，處一年以下有期徒刑、拘役或九千元以下罰金。

第 210 條：偽造、變造私文書，足以生損害於公眾或他人者，處五年以下有期徒刑。

第 228 條：(1)對於因親屬、監護、教養、教育、訓練、救濟、醫療、公務、業務或其他相類關係受自己監督、扶助、照護之人，利用權勢或機會為性交者，處六月以上五年以下有期徒刑。

(2)因前項情形而為猥褻之行為者，處三年以下有期徒刑。

(3)第一項之未遂犯罰之。

第 228 條：(1)意圖抬高交易價格，囤積下列物品之一，無正當理由不應市銷售者，處三年以下有期徒刑、拘役或科或併科三十萬元以下罰金：

　　一、糧食、農產品或其他民生必需之飲食物品。

　　二、種苗、肥料、原料或其他農業、工業必需之物品。

　　三、前二款以外，經行政院公告之生活必需用品。

(2) 以強暴、脅迫妨害前項物品之販運者，處五年以下有期徒刑、拘役或科或併科五十萬元以下罰金。

(3) 意圖影響第一項物品之交易價格，而散布不實資訊者，處二年以下有期徒刑、拘役或科或併科二十萬元以下罰金。

(4) 以廣播電視、電子通訊、網際網路或其他傳播工具犯前項之罪者，得加重其刑至二分之一。

(5) 第二項之未遂犯罰之。

第 253 條：意圖欺騙他人而偽造或仿造已登記之商標、商號者，處二年以下有期徒刑、拘役或科或併科九萬元以下罰金。

第 254 條：明知為偽造或仿造之商標、商號之貨物而販賣，或意圖販賣而陳列，或自外國輸入者，處六萬元以下罰金。

第 255 條：(1) 意圖欺騙他人，而就商品之原產國或品質，為虛偽之標記或其他表示者，處一年以下有期徒刑、拘役或三萬元以下罰金。

(2) 明知為前項商品而販賣，或意圖販賣而陳列，或自外國輸入者，亦同。

第 256 條：(1) 製造鴉片者，處七年以下有期徒刑，得併科九萬元以下罰金。

(2) 製造嗎啡、高根、海洛因或其化合質料者，處無期徒刑或五年以上有期徒刑，得併科十五萬元以下罰金。

(3) 前二項之未遂犯罰之。

第 266 條：(1) 在公共場所或公眾得出入之場所賭博財物者，處五萬元以下罰金。

(2) 以電信設備、電子通訊、網際網路或其他相類之方法賭博財物者，亦同。

(3) 前二項以供人暫時娛樂之物為賭者，不在此限。

(4) 犯第一項之罪，當場賭博之器具、彩券與在賭檯或兌換籌碼處之財物，不問屬於犯罪行為人與否，沒收之。

第三章　企業與犯罪行為

參考法條摘錄三

《中華民國刑法》國家法益法條

第 100 條：(1) 意圖破壞國體，竊據國土，或以非法之方法變更國憲，顛覆政府，而以強暴或脅迫著手實行者，處七年以上有期徒刑；首謀者，處無期徒刑。

(2) 預備犯前項之罪者，處六月以上五年以下有期徒刑。

第 103 條：(1) 通謀外國或其派遣之人，意圖使該國或他國對於中華民國開戰端者，處死刑或無期徒刑。

(2) 前項之未遂犯罰之。

(3) 預備或陰謀犯第一項之罪者，處三年以上十年以下有期徒刑。

第 108 條：(1) 在與外國開戰或將開戰期內，不履行供給軍需之契約或不照契約履行者，處一年以上七年以下有期徒刑，得併科十五萬元以下罰金。

(2) 因過失犯前項之罪者，處二年以下有期徒刑、拘役或三萬元以下罰金。

第 111 條：(1) 刺探或收集第一百零九條第一項之文書、圖畫、消息或物品者，處五年以下有期徒刑。

(2) 前項之未遂犯罰之。

(3) 預備或陰謀犯第一項之罪者，處一年以下有期徒刑。

第 113 條：應經政府授權之事項，未獲授權，私與外國政府或其派遣之人為約定，處五年以下有期徒刑、拘役或科或併科五十萬元以下罰金；足以生損害於中華民國者，處無期徒刑或七年以上有期徒刑。

第 120 條：公務員不盡其應盡之責，而委棄守地者，處死刑、無期徒刑或十年以上有期徒刑。

第 121 條：公務員或仲裁人對於職務上之行為，要求、期約或收受賄賂或其他不正利益者，處七年以下有期徒刑，得併科七十萬元以下罰金。

第 123 條：於未為公務員或仲裁人時，預以職務上之行為，要求期約或收受賄賂或其他不正利益，而於為公務員或仲裁人後履行者，以公務員或仲裁人要求期約或收受賄賂或其他不正利益論。

第 131 條：公務員對於主管或監督之事務，明知違背法令，直接或間接圖自己或其他私人不法利益，因而獲得利益者，處一年以上七年以下有期徒刑，得併科一百萬元以下罰金。

第三章　企業與犯罪行為

第 134 條：公務員假借職務上之權力、機會或方法，以故意犯本章以外各罪者，加重其刑至二分之一。但因公務員之身分已特別規定其刑者，不在此限。

第 135 條：(1)對於公務員依法執行職務時，施強暴脅迫者，處三年以下有期徒刑、拘役或三十萬元以下罰金。

(2)意圖使公務員執行一定之職務或妨害其依法執行一定之職務或使公務員辭職，而施強暴脅迫者，亦同。

(3)犯前二項之罪而有下列情形之一者，處六月以上五年以下有期徒刑：

　　一、以駕駛動力交通工具犯之。

　　二、意圖供行使之用而攜帶兇器或其他危險物品犯之。

(4)犯前三項之罪，因而致公務員於死者，處無期徒刑或七年以上有期徒刑；致重傷者，處三年以上十年以下有期徒刑。

第 150 條：(1)在公共場所或公眾得出入之場所聚集三人以上，施強暴脅迫者，在場助勢之人，處一年以下有期徒刑、拘役或十萬元以下罰金；首謀及下手實施者，處六月以上五年以下有期徒刑。

(2) 犯前項之罪,而有下列情形之一者,得加重其刑至二分之一:

　　一、意圖供行使之用而攜帶兇器或其他危險物品犯之。

　　二、因而致生公眾或交通往來之危險。

第 153 條:以文字、圖畫、演說或他法,公然為下列行為之一者,處二年以下有期徒刑、拘役或三萬元以下罰金:

　　一、煽惑他人犯罪者。

　　二、煽惑他人違背法令,或抗拒合法之命令者。

第 172 條:犯第一百六十八條至第一百七十一條之罪,於所虛偽陳述或所誣告之案件,裁判或懲戒處分確定前自白者,減輕或免除其刑。

參考法條摘錄四

《食品衛生管理法》

第 1 條：為管理食品衛生安全及品質，維護國民健康，特制定本法。

第 3 條：本法用詞，定義如下：

　　一、食品：指供人飲食或咀嚼之產品及其原料。

　　二、特殊營養食品：指嬰兒與較大嬰兒配方食品、特定疾病配方食品及其他經中央主管機關許可得供特殊營養需求者使用之配方食品。

　　三、食品添加物：指為食品著色、調味、防腐、漂白、乳化、增加香味、安定品質、促進發酵、增加稠度、強化營養、防止氧化或其他必要目的，加入、接觸於食品之單方或複方物質。複方食品添加物使用之添加物僅限由中央主管機關准用之食品添加物組成，前述准用之單方食品添加物皆應有中央主管機關之准用許可字號。

四、食品器具：指與食品或食品添加物直接接觸之器械、工具或器皿。

五、食品容器或包裝：指與食品或食品添加物直接接觸之容器或包裹物。

六、食品用洗潔劑：指用於消毒或洗滌食品、食品器具、食品容器或包裝之物質。

七、食品業者：指從事食品或食品添加物之製造、加工、調配、包裝、運送、貯存、販賣、輸入、輸出或從事食品器具、食品容器或包裝、食品用洗潔劑之製造、加工、輸入、輸出或販賣之業者。

八、標示：指於食品、食品添加物、食品用洗潔劑、食品器具、食品容器或包裝上，記載品名或為說明之文字、圖畫、記號或附加之說明書。

九、營養標示：指於食品容器或包裝上，記載食品之營養成分、含量及營養宣稱。

十、查驗：指查核及檢驗。

十一、基因改造：指使用基因工程或分子生物技術，將遺傳物質轉移或轉殖入活細胞或生物體，產生基因重組現象，使表現

具外源基因特性或使自身特定基因無法表現之相關技術。但不包括傳統育種、同科物種之細胞及原生質體融合、雜交、誘變、體外受精、體細胞變異及染色體倍增等技術。

十二、加工助劑：指在食品或食品原料之製造加工過程中，為達特定加工目的而使用，非作為食品原料或食品容器具之物質。該物質於最終產品中不產生功能，食品以其成品形式包裝之前應從食品中除去，其可能存在非有意，且無法避免之殘留。

第7條：(1) 食品業者應實施自主管理，訂定食品安全監測計畫，確保食品衛生安全。

(2) 食品業者應將其產品原材料、半成品或成品，自行或送交其他檢驗機關（構）、法人或團體檢驗。

(3) 上市、上櫃及其他經中央主管機關公告類別及規模之食品業者，應設置實驗室，從事前項自主檢驗。

(4) 第一項應訂定食品安全監測計畫之食品業者類別與規模，與第二項應辦理檢驗之食品業者類別與規

模、最低檢驗週期,及其他相關事項,由中央主管機關公告。

(5)食品業者於發現產品有危害衛生安全之虞時,應即主動停止製造、加工、販賣及辦理回收,並通報直轄市、縣(市)主管機關。

第 15-1 條:(1)中央主管機關對於可供食品使用之原料,得限制其製造、加工、調配之方式或條件、食用部位、使用量、可製成之產品型態或其他事項。

(2)前項應限制之原料品項及其限制事項,由中央主管機關公告之。

第 44 條:(1)有下列行為之一者,處新臺幣六萬元以上二億元以下罰鍰;情節重大者,並得命其歇業、停業一定期間、廢止其公司、商業、工廠之全部或部分登記事項,或食品業者之登錄;經廢止登錄者,一年內不得再申請重新登錄:

　　一、違反第八條第一項或第二項規定,經命其限期改正,屆期不改正。

　　二、違反第十五條第一項、第四項或第十六條規定。

　　三、經主管機關依第五十二條第二項規定,命其回收、銷毀而不遵行。

第三章 企業與犯罪行為

四、違反中央主管機關依第五十四條第一項所為禁止其製造、販賣、輸入或輸出之公告。

(2)前項罰鍰之裁罰標準,由中央主管機關定之。

第 46-1 條：散播有關食品安全之謠言或不實訊息,足生損害於公眾或他人者,處三年以下有期徒刑、拘役或新臺幣一百萬元以下罰金。

參考法條摘錄五

《廢棄物清理法》

第 1 條：為有效清除、處理廢棄物，改善環境衛生，維護國民健康，特制定本法；本法未規定者，適用其他有關法律之規定。

第 2 條：(1) 本法所稱廢棄物，指下列能以搬動方式移動之固態或液態物質或物品：

一、被拋棄者。

二、減失原效用、被放棄原效用、不具效用或效用不明者。

三、於營建、製造、加工、修理、販賣、使用過程所產生目的以外之產物。

四、製程產出物不具可行之利用技術或不具市場經濟價值者。

五、其他經中央主管機關公告者。

第 15 條：(1) 物品或其包裝、容器經食用或使用後，足以產生下列性質之一之一般廢棄物，致有嚴重污染環境之虞者，由該物品或其包裝、容器之製造、輸入或原料之製造、輸入業者負責回收、清除、處理，並由販賣業者負責回收、清除工作。

一、不易清除、處理。

　　二、含長期不易腐化之成分。

　　三、含有害物質之成分。

　　四、具回收再利用之價值。

(2)前項物品或其包裝、容器及其應負回收、清除、處理責任之業者範圍，由中央主管機關公告之。

第一篇　建立企業法律概念

第四章
企業與侵權賠償

第一節　侵權與民法

　　人民的侵權保護大都是人際關係間的行為，所以有賴國家民法制訂的法律為自己爭取權益。

　　民法的三大原則包括契約自由、過失責任和所有權絕對，這些原則在法律運作中具有重要的指導意義，涵蓋了簽約自由、責任歸責以及財產權的保護等方面。

一、契約自由

　　契約自由原則是個人和法人在法律框架內可以自由地訂立簽約、自主決定簽約內容和條款，並且依照自己的意願和利益進行合同的締結與履行。這一原則保證了市場經濟體系下的合理競爭和經濟活動的自由發展。

例如，企業根據自己的意願和需求自由訂立簽約，企業A和企業B可以依據市場價格和交付期限自由協商購買商品的簽約條件；民法只要不違反公序良俗或法律強制規定，例如，電子商務平臺上的使用條款和隱私政策就是根據契約自由原則制定的。

二、過失責任

過失責任原則指的是當個人或法人因疏忽或過失行為而對他人造成損害時，應當承擔相應的法律責任，此原則是為了保障公眾利益、維護社會秩序和保護個人權益而設立的，當個人或企業在日常生活或業務運作中因疏忽行為造成他人財產損失或人身傷害時，應當承擔過失責任。

例如，北部建築公司在施工過程中未能遵循安全規範，導致工地事故發生，地下樓層塌陷，造成工人受傷，建築公司可能需賠償相應的醫療費用和損失補償。

過失責任原則要求過失方向受害者賠償因其過失行為而造成的損害。

例如，如果一家物流公司因運輸不慎而導致客戶貨物遺失，則需承擔賠償責任，賠償客戶相應的財產損失。

特別是在涉及到公共安全和環境保護的領域，過失責任原則更加重要。例如，工廠未能適當處理工業廢水，導致污染了附近的水源，則須承擔清理污染和賠償受影響方的法律責任。

三、所有權絕對

所有權絕對原則確認了個人或法人對於其合法擁有的財產享有絕對的控制權利,包括使用、收益、處分等,保護了財產權人的利益和財產安全,是市場經濟體系中私有財產制度的基礎,其內涵包括以下四項。

1. 財產所有者有權使用其擁有的財產,例如,房屋所有者可以自由居住或出租自己的房產。
2. 所有權人有權享受其財產產生的收益,例如,土地所有者可以從農產品收益中獲利。
3. 所有權人有權自由處分其財產,例如,出售、轉讓、贈與或設置財產上的抵押權等。
4. 所有權絕對原則還保護財產所有者免受不當侵犯和非法剝奪,例如,防止他人未經授權擅自進入或損壞其財產。

第二節　民法的架構範圍

民法的架構包括總則、物權、契約、侵權行為、親屬與婚姻、繼承等各個部分。其中,總則部分包括對於一般民事行為的基本規定,例如法律行為的成立與效力、行為能力人的行為等。

一、法律行為的成立與效力

根據民法第 94 條的規定,「法律行為之效力,依其條文定之」。舉例來說,當一位成年人在正常情況下與他人簽訂合同時,這個合同便成立,具有法律效力。然而,如果當事人之一是無行為能力人或限制行為能力人,在未經法定代理人同意或未經法院許可的情況下,其法律行為則可能無效。

二、行為能力人的行為

根據民法第 12 條,「具行為能力之人,依其行為,自始負其法律後果」。例如,成年人在無違反法律或契約條款的情況下進行交易,其負責任的能力和義務均為法律所認可的。

三、財產權利與義務

在財產權利與義務方面,民法涵蓋了財產的形成、變動以及擁有者之間的相互關係等多個方面。以下是幾個具體例子:

(一) 所有權的取得

根據民法第 184 條,「所有權之取得,依法律定之。物權之存續及變更,依物權之性質及依法律定之」。例如,依法律程式購買一個房產,將獲得該房產的所有權。這種所有權可以通過登記程式確認並保護。

（二）所有權之保護

根據民法第 251 條,「當他人侵害所有權,或有危及之虞者,得請求排除妨害,並得請求賠償其損害」。例如,如果一位房產所有者發現有人非法進入其房產,他可以向法院申請禁制令來排除侵害行為,同時可以請求侵權者賠償相應的損害。

（三）家庭關係

民法對於家庭關係的調節涵蓋了婚姻、親屬關係、監護關係等多個方面。例如,婚姻的成立與解除,根據民法第 972 條,「婚姻之成立,依法律之規定」。例如,當一對男女依照法定程式登記結婚後,他們將正式成為夫妻關係。此外,根據民法第 1052 條,「配偶一方有重大違反夫妻之義務,致婚姻關係之維持已無可能者,他方得請求離婚」。

第三節　無過失責任和推定過失責任

一、無過失責任

無過失責任,又稱為嚴格責任或絕對責任,是指在特定情況下,當事人無需證明其疏忽或過失,即使他們採取了所有合理的預防措施,也將對其行為造成的損害負責。這種責任通常是基於法律的公共政策考慮而確立的,旨在保護公眾利益或特定群體的安全和權益。

1. 嚴格產品責任：企業製造和銷售的產品如果存在缺陷，可能導致消費者受傷或財產損失。根據無過失責任原則，即使企業在設計和製造過程中採取了所有合理的安全措施，仍然需對因產品缺陷造成的損害承擔責任。例如，如果一家食品公司生產的食品因為製造過程中的污染而導致消費者中毒，即使該公司在製造過程中採取了所有可能的衛生措施，仍需對消費者的損害負責。
2. 動物擁有人責任：例如，一家農場的牧場主，未能有效地控制其動物而導致它攻擊了別人或造成損害，無論是否存在疏忽行為，擁有者仍需對此負責。不論牧場主未能適當地將牲畜圈養並防止其逃脫，導致其牲畜逃出並損害了鄰近農地的農作物，則擁有者可能需要賠償農作物的損失，即使他們未能具體違反任何法律。
3. 推定過失責任：推定過失責任是指在特定情況下，法律推定當事人存在過失，儘管無法確定該當事人是否實際上存在疏忽或過失行為。這種責任通常基於法律上的推定或者特定的法律條文而來，目的是簡化損害賠償的證明責任，以利於受害方的權利保護。例如，大樓外牆瓷磚掉落砸傷行人，管委會或大樓物權所有人即構成推定過失責任。

第四節　侵權責任

一、民法侵權行為的要件

民法第 184 條的規定，侵權行為的成立需具備以下四個基本要件（見章後案例一）：

1. 行為違法性：行為違反法律的禁止規定或強制規定，即行為人從事了法律所不允許的行為。
2. 損害事實：受害人確實遭受了財產上的損失或非財產上的損害，如精神痛苦。
3. 因果關係：違法行為與損害事實之間存在直接的因果關係，即損害是由違法行為所導致。
4. 行為人過錯：行為人在主觀上有過錯，包括故意或過失，有時候有連帶賠償問題產生（見章後案例一）。

二、侵權行為的基本規定

1. 因故意或過失，不法侵害他人之權利者，負損害賠償責任。
2. 違反保護他人之法律者，亦同。

任何人若因故意或過失的行為導致他人權利受到侵害，均應對受害人承擔損害賠償責任。此外，若違反某些法律規定，雖非直接侵害他人權利，但若這些法律是為了保護他人利益而設立，行為人也需承擔賠償責任。

例如,甲駕車不慎違反交通規則,導致撞傷乙。乙因此受重傷,需要長期住院治療,並因此喪失了工作能力。這種情形下,甲的行為顯然違反了交通法規,屬於違法行為。此外,乙的受傷是因甲的違法行為所致,存在直接的因果關係,甲應對乙的醫療及收入費用進行賠償,雙方進行協商。

某些侵權行為同時也構成刑事犯罪,如故意傷害他人身體或財產。在這種情況下,行為人除了需承擔民事賠償責任外,還亦可能牽涉刑責,例如,甲乙雙方存在借貸糾紛亦可能是詐欺(見章後案例二)。

近年來,誹謗的侵權行為也常見報導,例如,A在社交媒體上發布了對個人B的誹謗性言論,指控B參與不法活動,導致B的社會聲譽受到損害並影響其工作和生活。在這個案例中,A的行為屬於故意侵權行為,因為他有意地通過虛假和貶損性的言論來侵害B的名譽。B可以向法院提起誹謗訴訟,要求A承擔相應的賠償責任。

第四章　企業與侵權賠償

《案例一》民法侵權之雇主連帶賠償責任

擔任咖啡店店長的甲女下藥迷昏一對夫妻，陳屍淡水河，而且甲女曾變裝盜領死者存款。

目前甲女在監獄服刑，另外，老闆及兩名股東，則遭死者家屬提起民事求償，日前由最高法院認定咖啡廳老闆與2名股東未盡監督之責，須連帶賠償死者家屬368萬餘元確定。

所謂民法中的侵權行為，是為了當有人侵害了別人的權利時，可以透過民事訴訟上的損害賠償之訴，請求對方賠償你的損害，典型的案例像是車禍中受傷的人可以向肇事者求償等等。

至於雇主連帶賠償責任的立法意旨，除了是保護被害人以外，也是因為僱用人使用受僱人執行職務，為自己獲取利益，自然應當承擔受僱人執行職務過程中所伴隨可能造成他人權利受損所生損害賠償責任。

第一篇　建立企業法律概念

《案例二》—解民事侵權【先刑後民】之失敗個案研析

壹、本案事實

　　本件之當事人為甲與乙（被告），被告乙於 106 年 6 月 3 日，在嘉義縣○○鄉之○○○高爾夫球場，向甲借款 150 萬元，並以 LINE 傳送不動產買賣合約書及定金 60 萬元之支票翻拍照片予甲，甲即於 106 年 6 月 5 日，匯款 150 萬元至被告之一銀帳戶等。

　　甲於偵查時陳稱：我認識被告 10 幾年，有投資被告的公司，是先借錢後投資，我一直相信被告的番茄種子貿易作得很好，被告之前就有向我借款，被告是做種子公司，借錢是要做資金周轉，總共欠我 2,000 多萬元，不包括系爭借款，都是以年息 20% 計息，被告前面 2、3 年的利息都有付。

　　被告標榜就是非常成功的生意人，在球隊跟任何人都說他是很成功的生意人，事業做得非常好，形象非常好。被告於 106 年 6 月 3 日向我為系爭借款前，就曾向我借款，沒有提供任何擔保給我，而是對我說有資金要運用，希望我投資，被告這樣講我就相信，因大家都是這麼說，且被告的外表就是非常有財力、生意做得非常好，在球隊上都說自己是世界番茄種子大王，在大陸有非常龐大的土地，但我沒有自己去看過被告投資的產地或公司經營狀況；甲稱被告土地一

定要買,尚差 150 萬元,只要過完戶,3 個月後貸款下來馬上就可以還,如果被告只說需要借錢來周轉,甲說不可能再借給被告,所以乙是用詐術取財。

乙於 106 年 6 月 3 日向甲借 150 萬元時,有主動提供一張日期為 106 年 9 月 5 日,面額為 157 萬 5,000 元之支票(即本案支票)給其,其中 7 萬 5,000 元即為借款 3 個月之利息,如果被告沒有提供,甲他不會借款給被告。

貳、爭點

其一:被告與甲相識 10 多年,為同一高爾夫球隊,甲除投資被告之番茄種子事業外,亦有長期借貸被告金錢,從中獲利不少,甲應係信賴被告交付之支票可以兌現,始願意交付借款 150 萬元,甲並未陷於錯誤。

其二:甲仍有疑義為單一指訴,在無其他積極證據可資證明之情形下,遽認被告確以購買本案土地為由向告訴人借款,並以 LINE 傳送不動產買賣合約書及定金支票,及將以本案土地貸款,3 個月後即得清償本息之詐術行為,而使告訴人陷於錯誤。

參、判決理由

甲云:被告向其借款,有還過利息,本金都還沒有還,被告有匯款至其在華南銀行的帳戶內,應該是用來返還其他借款,另被告有開立日期為 107 年 7 月 5 日,票面金額為

299萬元之支票予何,又於107年1月10日匯款21萬元、於107年1月29日匯款100萬元、於107年6月20日匯款60萬元、於107年12月25日匯款31萬2,000元、於107年12月26日匯款30萬元、於108年2月21日匯款50萬元至何之華南銀行嘉義分行帳戶內,此有匯款申請書回條6張、支票存根1張存卷可參,足見被告於向甲借貸本案150萬元之借款時,針對先前之借款已有給付利息,並非全未償還,且於本案150萬元借款之還款期限到期後,迄至108年2月21日間仍多次償還借款予甲,所償還之金額亦已高於150萬元,與一般刻意以借貸為由詐取他人財物之人,於順利取得財物後,多即不再還款之反應不符,可徵被告應有清償借款之意,當係因一時資金周轉困難,方未能如期償還,實乏證據認定被告自始即不具償還借款之意而具有詐欺取財之故意。

綜上所述,公訴意旨認被告所涉詐欺取財犯行之證據,尚難認已達於通常一般人均不致有所懷疑,而得確信其為真實之程度。此外,復無其他積極證據足認被告有公訴意旨所指之犯行,自應為無罪之諭知,以昭審慎。

肆、評析

1. 告訴人於106年6月5日借予被告系爭借款時,先前已借款1、2,000萬元予被告,且僅償付先前借款之利

息，均未清償過本金，而告訴人仍基於被告有提供含本金及利息之系爭支票以為擔保，以及相信被告形象良好、是成功的生意人、有財力能償還，始同意並交付系爭借款予被告，堪認告訴人係基於對主、客觀情事評估之結果，方同意系爭借款，故被告並未對告訴人施以任何詐術行為，且告訴人亦無所謂陷於錯誤之情事，尚與詐欺取財罪之構成要件有間。

2. 告訴人始終未曾向被告確認是否以本案土地貸款，且於約定清償期3個月後，亦未確認過被告有無購買本案土地，而是遲至被告被列為拒絕往來戶，亦未依約償付其他借款之約定利息，始委請代書查詢被告有無購買本案土地，於已經過約3年後（109年8月13日）提出本案刑事告訴，故告訴人從未關注過系爭借款之真正使用用途，是否確用以購買本案土地？事後有無辦理貸款？從而，告訴人主張：被告說只要過完戶，3個月後貸款下來馬上就可以還，如果被告只說需要借錢來周轉，我不可能再借給被告等語，尚非無疑。

3. 被告於106年9月間即已未能償還系爭借款，甚至要求告訴人返還系爭支票，當已有不能依約履行之客觀事實發生，然告訴人此時仍相信被告之後能夠返還款項而同意被告先取回系爭支票，亦未進一步確認本案土地是否確實屬於被告所有，堪認告訴人之所以同意系爭借

款，應係相信被告之資力，而與被告有無購買本案土地無涉。

4. 甲所有華南銀行嘉義分行帳戶內，此有匯款申請書回條6張（偵1卷第123、127頁）存卷可參。依上，足見被告於向告訴人為系爭借款後，針對其與告訴人先前之借款，迄至108年2月21日止，仍多次償還借款利息，並所償還之金額高達292萬多元，顯與一般刻意以借貸為由詐取他人財物之人，於順利取得財物後，多即不再還款之反應不符，足徵被告係因公司經營狀況欠佳，資金調度困難，始未能依約償還系爭借款，實乏證據認定被告自始即不償還系爭借款而具有詐欺取財之故意。

5. 被告涉犯詐欺取財犯行所提出之證據，尚未達到通常一般之人均不致有所懷疑，而得確信被告確有其所指上開犯行之心證程度。此外，復無其他積極證據足認被告有詐欺取財犯行。

6. 檢察官對於起訴之犯罪事實，應負提出證據及說服之實質舉證責任，倘其所提出之證據，不足為被告有罪之積極證明，或其指出證明之方法，無從說服法院以形成被告有罪之心證，基於無罪推定之原則，自應為被告無罪判決之諭知（最高法院92年度台上字第128號判決意旨參照）。

7. 另按被害人就被害經過所為之陳述，其目的在於使被告

受刑事訴追處罰，與被告處於絕對相反之立場，其陳述或不免渲染、誇大。是被害人縱立於證人地位具結而為指證、陳述，其供述證據之證明力仍較與被告無利害關係之一般證人之陳述為薄弱。從而，被害人就被害經過之陳述，除須無瑕疵可指，且須就其他方面調查又與事實相符，亦即仍應調查其他補強證據以擔保其指證、陳述確有相當之真實性，而為通常一般人均不致有所懷疑者，始得採為論罪科刑之依據，非謂被害人已踐行人證之調查程序，即得逕以其指證、陳述作為有罪判決之唯一證據（最高法院 98 年度台上字第 107 號判決意旨參照）。

8. 又犯罪事實之認定，係據以確定具體的刑罰權之基礎，自須經嚴格之證明，故其所憑之證據不僅應具有證據能力，且須經合法之調查程序，否則即不得作為有罪認定之依據；倘法院審理之結果，認為不能證明被告犯罪，而為無罪之諭知，即無刑事訴訟法第 154 條第 2 項所謂「應依證據認定」之犯罪事實之存在。

伍、刑事先，民訴後

刑法第 339 條第 1 項規定：「意圖為自己或第 3 人不法所有，以詐術使人將本人或第 3 人財務交付者，處 5 年以下有期徒刑、拘役或科或併科 50 萬元以下罰金。」詐欺罪是刑事犯罪，如果要以刑法來處罰債務人，要件會比較嚴格：

1. 對方必須「一開始就有詐欺的意圖」

2.「施用詐術」使你陷於錯誤、交付財物而成財產損害，才會成立詐欺罪。

借錢不還背信罪，背信罪的成立，需要對方「為你處理事務」而違背任務。比方說本來錢錢給對方是有約定用途、或協助處理特定事情，後來卻因為受託人的不法意圖，違背任務導致財產上損害。侵占罪的成立要基於特定關係占有你的錢（可能是交給對方保管），但對方有不法的意圖而不歸還錢。

因此反過來說，如果欠錢不還被告詐欺和侵佔，就要證明自己沒有不法所有或詐欺意圖。但要特別注意的是，一般如果針對欠錢不還提告，目的都是為了要取回債款。對債務人提告借錢不還刑法上的罪名，勝訴後讓國家公權力處罰他，再提起欠錢不還民法上的訴訟（通常會搭配聲請支付命令）。

陸、結論

因此，甲案的訴訟案，其實是【債】的本質，但是因為民事訴訟可能要數年才能定讞，而且贏者可能只拿到債權，但敗訴者若早已脫罪也是無實質效益，故而先以刑事使對方被判有罪則尾事隨之於後比較能有實質效益。

依照民事訴訟法第 508 條，有金錢糾紛的債權人可以向法院聲請「支付命令」，法院核准以後會做出一個支付命令送給債務人。如果債務人沒有在支付命令送達後的 20 天內主動向法院提出異議，法院會發給債權人一份確定證明書（也可以主動聲請）。債權人就可以拿著支付命令、證明書到法院聲請強制執行，如果對方沒有轉移財產的話，或許可以把對方的房子拿去拍賣抵債、扣薪資收入抵債等）。

所以，本案當初如果以支付命令或許有機會獲得債權的保障。

參考法條摘錄一

《民法》

第 184 條：(1) 因故意或過失，不法侵害他人之權利者，負損害賠償責任。故意以背於善良風俗之方法，加損害於他人者亦同。

(2) 違反保護他人之法律，致生損害於他人者，負賠償責任。但能證明其行為無過失者，不在此限。

第 185 條：(1) 數人共同不法侵害他人之權利者，連帶負損害賠償責任。不能知其中孰為加害人者亦同。

(2) 造意人及幫助人，視為共同行為人。

第 186 條：(1) 公務員因故意違背對於第三人應執行之職務，致第三人受損害者，負賠償責任。其因過失者，以被害人不能依他項方法受賠償時為限，負其責任。

(2) 前項情形，如被害人得依法律上之救濟方法，除去其損害，而因故意或過失不為之者，公務員不負賠償責任。

第 191-1 條：(1) 商品製造人因其商品之通常使用或消費所致他人之損害，負賠償責任。但其對於商品之生

產、製造或加工、設計並無欠缺或其損害非因該項欠缺所致或於防止損害之發生,已盡相當之注意者,不在此限。

(2)前項所稱商品製造人,謂商品之生產、製造、加工業者。其在商品上附加標章或其他文字、符號,足以表彰係其自己所生產、製造、加工者,視為商品製造人。

(3)商品之生產、製造或加工、設計,與其說明書或廣告內容不符者,視為有欠缺。

(4)商品輸入業者,應與商品製造人負同一之責任。

第192條:(1)不法侵害他人致死者,對於支出醫療及增加生活上需要之費用或殯葬費之人,亦應負損害賠償責任。

(2)被害人對於第三人負有法定扶養義務者,加害人對於該第三人亦應負損害賠償責任。

(3)第一百九十三條第二項之規定,於前項損害賠償適用之。

第193條:(1)不法侵害他人之身體或健康者,對於被害人因此喪失或減少勞動能力或增加生活上之需要時,應負損害賠償責任。

(2) 前項損害賠償，法院得因當事人之聲請，定為支付定期金。但須命加害人提出擔保。

第 194 條：不法侵害他人致死者，被害人之父、母、子、女及配偶，雖非財產上之損害，亦得請求賠償相當之金額。

第 195 條：(1) 不法侵害他人之身體、健康、名譽、自由、信用、隱私、貞操，或不法侵害其他人格法益而情節重大者，被害人雖非財產上之損害，亦得請求賠償相當之金額。其名譽被侵害者，並得請求回復名譽之適當處分。

(2) 前項請求權，不得讓與或繼承。但以金額賠償之請求權已依契約承諾，或已起訴者，不在此限。

(3) 前二項規定，於不法侵害他人基於父、母、子、女或配偶關係之身分法益而情節重大者，準用之。

第 197 條：(1) 因侵權行為所生之損害賠償請求權，自請求權人知有損害及賠償義務人時起，二年間不行使而消滅，自有侵權行為時起，逾十年者亦同。

第四章　企業與侵權賠償

(2)損害賠償之義務人，因侵權行為受利益，致被害人受損害者，於前項時效完成後，仍應依關於不當得利之規定，返還其所受之利益於被害人。

第一篇　建立企業法律概念

第五章
企業與行政法規

第一節　行政程序法的基本原則

　　行政程序法是規範政府的行政行為與處理程序的法律；它的功能是確保政府在行使權力時遵循法律規範，保障公民的基本權利，而且在行政過程中要求政府在制定和執行行政措施時要透明、公正、合理，並且給予公民適當的參與機會。

1. 內容明確原則：內容明確原則要求行政行為的內容必須具體明確，不能模糊不清，行政行為應當明確規定其目的、方式和結果，避免模稜兩可或含糊其辭，從而保障公民的知情權和行政公正。
2. 比例原則：比例原則要求行政行為的干預措施必須合理適當，不得過度干預或不當干預。它強調行政措施的嚴

第一篇　建立企業法律概念

格必要性，即在實現公共利益的同時儘量減少對個人權利的侵犯，確保行政行為的合理性和適當性。
3. 誠信原則：誠信原則要求行政機關和行政人員在行使權力時必須誠實守信，不得欺詐、虛假陳述或承諾不履行。這一原則體現了行政主體與公民之間信任關係的重要性，維護了公眾對行政機關的信賴和法律秩序的穩定性。

這些基本原則在保障公民的合法權益，規範行政權力的行使，確保行政活動的合法性、公正性和效率性（見章後參考法條摘錄一及二）。

第二節　行政罰法

行政罰法規定了行政處罰的法律依據，包括罰款、勒令停止違法行為、責令改正等處罰措施，行政處罰的過程要求事先通知、聽證、陳述申辯等，保障了當事人的合法權益，以下分別其實質作法：

一、罰款措施

行政機關可以根據違法情形和影響的嚴重程度，對違法行為主體作出罰款處罰，例如，對於環境污染行為，行政機關可以根據情節輕重，對責任單位處以不同數額的罰款，以迫使其改善污染治理措施。

二、勒令停止違法行為

行政機關可以對違法行為當事人發出命令，立即停止違法行為或終止違法狀況。例如，對於未經許可擅自開設的商業活動，行政機關可以勒令其停止經營並拆除違法建築。

三、責令改正

行政機關可以要求違法行為主體立即採取措施糾正其違法行為，以恢復法律、法規所要求的合法狀態。例如，對於建築工地未依法設立安全防護措施的情況，行政機關可以責令立即設置安全網或增加安全警示標識。

第三節　行政程序法與企業的關係

一、行政罰法的法律基礎和適用範圍

行政罰法適用範圍涵蓋了各種行政相對人，包括企業、個人、非營利組織等。對於企業的經營活動，可能涉及到各種環境、安全、市場監督管理等方面的法律法規，一旦違反，將面臨行政機關可能依據行政罰法進行的處罰。

行政罰法的施行有下列四項注意要點：

1. 法定性原則：即行政罰法對於處罰的情形、條件必須有明確的法律規定，行政機關不能隨意擴大處罰的適用範圍或增加處罰的內容（見章後案例一及一之 1）。

2. 正當程式原則：包括事先通知、聽證、申辯等程式要求，確保企業在接受行政處罰之前有充分的機會行使自己的申辯權和辯護權（見章後案例二）。
3. 合理性原則：即行政機關對於處罰的選擇和執行必須是合理、適當的，不能過度地侵犯企業的合法權益。
4. 比例原則：行政罰法規定了處罰應當合理適當，不得過度嚴厲或不當，要根據違法行為的性質和影響等因素來確定處罰的嚴重程度。

二、具體應用實例

1. 在環境保護方面：例如，1. 企業生產過程中未達到中央或地方政府規定的環境污染物排放標準，可能被責令停止違法行為，並處以相應的罰款；2. 對於已經造成環境損害的企業，可能需要承擔環境修復責任，並支付相關的經濟補償；3. 在環境敏感區域進行未經批准的工業建設，可能會面臨強制拆除和罰款等處罰。
2. 在市場監督管理領域，企業可能面臨的行政處罰（見章後案例三）：
3. 價格違法：如價格壟斷、價格欺詐等行為，可能被處以罰款，並要求調整價格行為。
4. 虛假廣告：對於發佈虛假或誤導性廣告的企業，可能面臨罰款和公告批評等處罰。

第五章　企業與行政法規

5. 違反競爭法規：如濫用市場支配地位、操縱市場等行為，可能會面臨高額罰款和其他行政處罰。
6. 在安全生產領域，企業可能面臨的行政處罰：
7. 違反安全生產規定：如未按照安全標準進行設備維護和作業操作，可能會面臨罰款和責令停工整頓等處罰。
8. 事故責任追究：對於因為企業安全管理不善導致的事故，行政機關可能會追究企業的責任，並處以相應的行政處罰。

參考法條摘錄一

《行政程序法》

第 5 條：行政行為之內容應明確。

第 6 條：行政行為，非有正當理由，不得為差別待遇。

第 7 條：行政行為，應以誠實信用之方法為之，並應保護人民正當合理之信賴。

第 17 條：(1)行政機關對事件管轄權之有無，應依職權調查；其認無管轄權者，應即移送有管轄權之機關，並通知當事人。

(2)人民於法定期間內提出申請，依前項規定移送有管轄權之機關者，視同已在法定期間內向有管轄權之機關提出申請。

第 23 條：因程序之進行將影響第三人之權利或法律上利益者，行政機關得依職權或依申請，通知其參加為當事人。

第 37 條：當事人於行政程序中，除得自行提出證據外，亦得向行政機關申請調查事實及證據。但行政機關認為無調查之必要者，得不為調查，並於第四十三條之理由中敘明之。

第五章　企業與行政法規

第 42 條：(1)行政機關為瞭解事實真相，得實施勘驗。

(2)勘驗時應通知當事人到場。但不能通知者，不在此限。

第 43 條：行政機關為處分或其他行政行為，應斟酌全部陳述與調查事實及證據之結果，依論理及經驗法則判斷事實之真偽，並將其決定及理由告知當事人。

第 102 條：行政機關作成限制或剝奪人民自由或權利之行政處分前，除已依第三十九條規定，通知處分相對人陳述意見，或決定舉行聽證者外，應給予該處分相對人陳述意見之機會。但法規另有規定者，從其規定。

第 111 條：行政處分有下列各款情形之一者，無效：

一、不能由書面處分中得知處分機關者。

二、應以證書方式作成而未給予證書者。

三、內容對任何人均屬不能實現者。

四、所要求或許可之行為構成犯罪者。

五、內容違背公共秩序、善良風俗者。

六、未經授權而違背法規有關專屬管轄之規定或缺乏事務權限者。

七、其他具有重大明顯之瑕疵者。

參考法條摘錄二

《行政罰法》

第 2 條：本法所稱其他種類行政罰，指下列裁罰性之不利處分：

　　一、限制或禁止行為之處分：限制或停止營業、吊扣證照、命令停工或停止使用、禁止行駛、禁止出入港口、機場或特定場所、禁止製造、販賣、輸出入、禁止申請或其他限制或禁止為一定行為之處分。

　　二、剝奪或消滅資格、權利之處分：命令歇業、命令解散、撤銷或廢止許可或登記、吊銷證照、強制拆除或其他剝奪或消滅一定資格或權利之處分。

　　三、影響名譽之處分：公布姓名或名稱、公布照片或其他相類似之處分。

　　四、警告性處分：警告、告誡、記點、記次、講習、輔導教育或其他相類似之處分。

第 4 條：違反行政法上義務之處罰，以行為時之法律或自治條例有明文規定者為限。

第 8 條：不得因不知法規而免除行政處罰責任。但按其情節，得減輕或免除其處罰。

第 33 條：行政機關執行職務之人員，應向行為人出示有關執行職務之證明文件或顯示足資辨別之標誌，並告知其所違反之法規。

《案例一》行政依法原則

○○市政府　函

地　　址：
傳　　真：
承辦人：
電子郵件：

受文者：○○○○○

速別：最速件
密等及解密條件：
發文日期：中華民國
發文字號：
附件：

主旨：有關貴旅館未依規定參加本市毒品危害防制中心辦理112年第1次特定營業場所講習教育訓練，詳如說明，請查照。

說明：

一、依本市毒品危害防制中心（以下稱防制中心）112年7月5日府授衛心字第○○○○號函辦理。

二、次依毒品危害防制條例第31-1條第1項第2款：「指派一定比例從業人員參與毒品危害防制訓練。」第2項「特定營業場所未執行前項各款所列防制措施之一者，由直轄市、縣（市）政府令負責人期限改善；屆時未改善者，處負責人新台幣5萬元以上50萬元以下罰鍰，並得按次處罰；其屬法人或合夥組織經營者，並同處罰之。」

三、請貴旅館務必參加旨揭112年第2次講習教育訓練，違者移請防制中心裁罰。

正本：
副本：

市　　長

第五章 企業與行政法規

《案例一之1》行政依法原則

○○市政府　函

地　　址：
傳　　真：
承辦人：
電子郵件：

受文者：○○○○○

速別：最速件
密等及解密條件：
發文日期：中華民國
發文字號：
附件：

主旨：本府警察局將依法自114年5月11日起列管貴旅館3年，請查照。

說明：

一、依本府警察局114年5月28日○市刑大二字第○○○○號函、「毒品危害防制條例第31條之1」及「特定營業場所執行毒品防制措施辦法」辦理。

二、該局於114年5月10日在貴旅館303號房查獲簡○吉涉嫌持有及施用毒品案（非經業者通報而查獲），因貴旅館前已被查獲住客持有毒品案，將依特定營業場所執行毒品防制措施辦法第2條暨同辦法第3條第2項規定重新計算執行期間，即自114年5月11日起列管3年。

三、依「毒品危害防制條例」（以下簡稱同條例）第31-1條第1項規定，為防制毒品危害，特定營業場所應執行下列防制措施：

(一)於入口明顯處標示毒品防制資訊，其中應載明持有毒品之人不得進入。

(二)指派一定比例從業人員參與毒品危害防制訓練。

(三)備置負責人及從業人員名冊。

(四)發現疑似施用或持有毒品之人,通報警察機關處理。

四、請於 114 年 6 月 30 日前將貴旅館上開規定進行改善之情形函送本府;依同條例第 31-1 條第 2 項規定,屆期未改善,處負責人新台幣 5 萬元以上 50 萬元以下罰鍰,並得按次處罰;其屬法人或合夥組織經營者,並同處罰之。

五、另依「特定營業場所執行毒品防制措施辦法」第 6 條規定,貴旅館需指派從業人員參加本府所舉辦毒品危害防制訓練及進行必須預防措施。

正本:
副本:

市　長

《案例二》衛生局搜出過期原料、出包品項曝光⋯老闆喊冤「放久就忘了」

○○名店「○○麵包」日前被搜出存放 3 項逾期原料、部分產品標示不明，市衛生局依法開罰，並公佈過期品項。對此，食品老闆出面喊冤。稱這些原料「一直存放在冷凍庫，放久了根本也忘了」，更表示目前已減少約 3 成的營收，「衛生局該給一個交代！」

中秋節將至，食藥署積極查驗糕餅店、麵包店，與各地方衛生局共同執行「113 年度中秋複合式專案」，包括「中秋應景食品製造業稽查」、「中秋應景食品販售業稽查暨抽驗」及「中秋應景餐飲業稽查」等 3 項稽查專案，全面把關中秋應景食品。

名店「○○麵包」竟被查出存放 3 項逾期原料、部分產品標示不明，市衛生局依《食安法》開罰 10 萬元。

據了解，衛生局執行今年度中秋複合式專案時，查獲知名排隊名店○○食品貯放 3 項逾期原料沒有銷毀。

1. 去年 8 月 3 日到期的 4 盒雙餡奶黃流芯

2. 今年 1 月 17 日到期的 5 包法國燕子牌麵包助發酵粉

3. 今年 2 月 9 日到期的 3 罐青蘋果餡

市衛生局食品藥物管理科股長指出,此案因儲存逾期原料3項,照法規需要專區儲存,違反《食安法》依法處分,業者須配合銷毀,並依《食安法》裁處6萬元。

另外,衛生局也查獲○○食品的雪花餅未展開標示內容物成分,夏威夷豆亦未標示過敏原資訊,同樣依《食安法》裁處4萬元。

第五章　企業與行政法規

陳述意見書

受通知人：OO 食品有限公司

為就市政府衛生局 113 年 7 月 29 日通知書提出陳述意見如下：

一、 經查，有關　貴局查獲之雙餡奶黃流芯，係因於前年中秋節前夕廠商前來拜訪，送來廠商製作之雙餡奶黃流芯月餅及雙餡奶黃流芯餡試用品 4 小盒，而於師傅試吃月餅後發現餡料口味不如預期，便請廠商取回，而該試用品為廠商所有，且餡料從未使用，於廠商未取回前只能暫與保管。而因受通知人每日業務繁忙無暇顧及該試用品取回進度，以致未及時處理，實屬無心之過。

二、 至於另二種少數原料，而於開發製作後發現似不如預期，且經試吃後未獲較高評價因此遂未製作上架，此由，產品中並未有相關原料製作之產品可證。而因受通知人每日業務繁忙，且原料每日幾乎無存貨，以致未及時處理，實屬無心之過。

三、 綜上所陳，上開 3 項原料，均未用於販售予顧客之產品，公司一向注重商譽，經營數十年來均從未違規，實無冒使用過期食材違法之必要！此次無心之過經　貴局稽查後，已著手改善相關管理機制，因此懇請　貴局酌予從輕量處！

　　　　　　此　　致

OO 市政府衛生局

《案例三》花生醬「又驗出黃麴毒素」！衛生局勒令停產

　　新竹知名品牌「○○花生醬」接連遭台北與桃園市衛生局檢出黃麴毒素超標，新竹市衛生局追查後，再發現有效期限為 2025 年 9 月 10 日的產品也驗出不合格，已緊急要求業者全面下架、回收並暫停生產相關產品，同時依法開罰，以保障市民食品安全。

　　新竹市衛生局表示，今年 5、6 月間接獲台北市與桃園市衛生局通報，○○花生醬的兩個有效期限批次（2025 年 7 月 9 日與 2025 年 8 月 27 日）皆檢出黃麴毒素不合格。第一時間即要求業者將問題產品全面下架，並進一步抽驗 2025 年 9 月 10 日效期的產品。

　　竹市衛生局指出，抽驗 2025 年 9 月 10 日的產品結果 28 日晚出爐，黃麴毒素仍超標，隨即啟動現場查核並責令業者辦理回收，暫停相關產品生產，並依《食品安全衛生管理法》進行裁處，最高恐面臨 2 億元罰鍰。

第五章　企業與行政法規

《案例四》行政罰法

壹、前言與本案事實

訴願是人民權益遭受公權力侵害時可循國家所設之程序尋求行政救濟，使作成行政處分之機關或其上級機關經由此一程序自行矯正其違法或不當處分，以維持法規之正確適用，並保障人民之權益。

本案○○市府於民國 106 年 7 月 19 日執行「非法旅宿訂房取證、入住查察專案」，查獲甲未領取旅館業登記證，卻以「○○○○館」名義在○○市經營旅宿業務之違規情事，乃依據發展觀光條例第 24 條第 1 項、第 55 條第 5 項及發展觀光條例裁罰標準第 6 條等規定，在 106 年 11 月 30 日，裁處甲新臺幣 10 萬元，並勒令歇業。甲不服，逐提起訴願，經交通部以 107 年 4 月 26 日將訴願駁回。

甲仍有不服，就罰鍰之處分向桃園地方法院提起行政訴訟，訴願結果，原處分罰鍰部分撤銷。

○○市政府不服亦提起上訴，經○○高等行政法院發回原審○○地方法院再審，結果以○○○年度簡更一字第 8 號判決駁回上訴人甲之訴。

甲仍有不服，又提起上訴，最終將高等行政法院駁回全案定讞。

本案由於進行訴願後，復經過四次審判才定讞。

貳、爭點

1. ○○市政府觀光局由其外包人員 A 先生是否以所謂「陷害教唆」或「釣魚式偵查」手法，使用政府補助款在網上訂房？A 先生並主動向甲要求只住一晚基於助人之心，甲因而更改網頁內容(原本網頁上設定的出租日是 30 天)，讓 A 先生可以網路訂房只住宿一晚(以上有雙方對話之網頁內容可證)然最終卜氏卻收到本案之裁處書，他不服一時心軟給予方便竟被裁處。

2. 依行政程序法第 7 條規定，行政行為應依下列原則為之：

   (一)採取之方法應有助於目的之達成。

   (二)有多種同樣能達成目的之方法時，應選擇對人民權益損害最少者。

   (三)採取之方法所造成之損害不得與欲達成目的之利益顯失均衡。

   同法第 8 條規定，行政行為應以誠實信用之方法為之，並應保護人民正當合理之信賴。本件 A 先生人員之稽查方式是否違反相關法規？所調查之證據是否均應排除，不得據以罰甲氏。

1. 甲在○○大學旁有房屋出租給本地學生或交換學生，都是以月為出租單位，甲是將家裡空的房間租給別人，之前觀光局沒有專案預算前，桃市府來房屋訪查時就是寫

「無市招」另有訪查記錄，也是記載「無廣告及市招」，是否算是登記在案，不應裁罰？

叁、○○地方方法院○○○年度簡字第○○號判決(107.09.○○)

判決理由：

1. ○○○政府否認有使用陷害教唆或釣魚式偵查之手法，惟不否認 A 先生為被告機關之外聘人員，駐點於被告機關，亦未否認 A 先生在訂房前曾以 LINE 與原告詢問、聯絡訂房事宜之情，經查，從甲與 A 先生二人之完整對話網頁內容，該網頁資料，對話內容則為：「(上星期四【經推算日期應為 7 月 13 日】14:15)(A 先生) 請問下禮拜可以訂房嗎」、(上星期四 14:19)(甲即原告) 您要訂哪三晚？…「(上星期四 14:54)(A 先生) 好」、「(昨天 10:20)(A 先生) 可以只住一個晚上嗎」、「(昨天 11:04)(甲即原告) 那一天，我剛好有空房就租您」，依對話內容，應認原告所主張：住宿日數為被告人員 A 先生所主動要求情，確屬可信。且之後的採證資料或於查察完畢之後始查證之資料，均不足以作為本案之判斷依據。

2. 至原告甲主張：其在網頁上設定的出租日條件原為 30 天，經○○市府否認，並提出原處分內卷証 2 至証 5 關於房屋於各網頁之廣告頁面實料(顯示最低僅宿日

第一篇　建立企業法律概念

為 1 日) 為憑，前述四筆網頁資料之列印日期分別為 106.7.17- 證 1. 及 證 2. ○○○ 網站)、106-12.18(證 3. 大陸○○○網站)，106.9.7(證 4. 香港○○旅遊網)，106.12.17(證 5. ○○網)，對照本件執行查察專案之日期為 106 年 7 月 19 日，及 A 先生至現場查察住房之日為 106 年 7 月 17 日，可知其中僅有「證 4」為實施查察行為前之採證證據，尚具有參考性，至其餘「證 2、證 3、證 5 則分別為被告入住查察當日 (且係於 A 先生已主動要求住宿 1 日)。

3. 常情而論，認定違規行為是否成立之採證資料，原則上應以該違規行為發生時間點之前的證據，始可為證據，若為行為後始存在之證據 (不論係有利或不利當事人)，既無從證明於行為前或行為當時已否存在，即存有經變造或修改之可能性，自不得作為判斷違規行為成立與否之依據。至於「證 4」之香港永安旅遊網站資料，據甲表示：我有在網站、大陸白在客網站註冊及提供房屋資料，但香港○○旅遊網站、○○網站等其他網站都沒有註冊，也沒聽過這些網站。按一般網頁訊息，確實可由他人或網站編輯者自行刊登、連結或編輯內容，則原告既主張「證 4」非其刊登之廣告內容，無法舉證「證 4」係由甲所刊登，所以「證 4」亦難作為認定甲構成違章行為之依據。至於前述各該網頁所載之房東評價相關訊息，

各該評價訊息均為他人所得任意填寫，本不得作為訴訟上違章行為之認定依據，是亦無從引為不利之證據。
4. 依前所述，証 2 至 5 均不足以作為認定原告構成違章行為之證據，則本件所餘證據，即為舉發人員 A 先生至現場查察入住所得之證據資料。依法院調查所得事證，甲於網頁所刊登之房源廣告內容，原設定的出租日條件原為 30 天（以月為單位），並未違反發展觀光條例之規定，乃因 A 先生主動要求 1 日（或 3 日）之住宿天數，原始更改網頁之日數設定條件，因而違反發展觀光條例之規定致構成違章行為。
5. 此次調查方法，實有違行政訴訟法第 8 條行政行為，應以誠實信用之方法為之，並應保護人民正當合理之信賴」之規定，是○○市府根據此方式取得之證據對甲加以裁罰，有違誠信原則，不足憑採。
6. 甲平時雖有將房屋提供他人住宿並收取費用之實，尚不能證明其有以日為單位之經營旅館業營業行為，至本件因 A 先生主動要求而更改住宿日數為 1 日之違章行為，因採證方式有違誠信原則，法院認為不應加以裁罰。

肆、（之一）○○高等行政法院○○○年度簡上字號第○○○號判決（108.09.○○）

主文：原判決廢棄，發回臺灣○○地方法院行政訴訟庭。（經原審法院依職權調查撇清本件尚有其他違章事證）

(之二)台灣〇〇地方法院〇〇〇年度簡更（一）字第〇號判決（109.08.〇〇）

主文：原告（甲）上訴駁回

兩院判決大致理由：

1. 我國法院向來見解認為，行政機關取締違法經營旅館業務之行為，由於現場稽查具有相當困難性，故在合乎比例原則前提下，以訂房詢問方式取締違法經營旅館業務行為，係合法且具有證據能力之取證方法。
2. 甲以日或週為單位違法經營旅館之合理懷疑，上訴人所屬人員 A 先生始透過網站向被上訴人線上詢問訂房資訊，並依訂房對話資訊，足徵被上訴人確有從事以日或週為單位之住宿、休息服務，且已違反發展觀光條例第 24 條第 1 項及第 55 條第 5 項之規範，因此上訴人取證方法實無原審判決所認違反行政程序法第 8 條誠信原則，但是原審判決應有判決違背法令、證據法則及經驗法則之違法，應重審。
3. 〇〇〇本館違法經營日租套房，而其反覆實施出租行為，非屬偶一為之，並以出租為業者，屬自身之營利行為，而其刊登相關網站房源，目的當然為求營利上推廣、行銷及節約而獲利。
4. 網頁有住宿房客留言房東評價相關訊息，更可證明該等

網頁確係被上訴人所刊登,且被上訴人確有從事以日或週為單位之住宿、休息服務之違規行為。故被上訴人為其經營利益,刊登多數網站,亦有相關房源網頁,上訴人已極力舉出形式上證據,如被上訴人認非其刊登,應由其負舉證責任。

5. 從消費者住宿經驗留言資料以觀,消費者有稱老闆為甲先生、甲哥等,亦不乏說明兩天一夜之短期住宿經驗者,消費者原則上應相信眾多消費者對於被上訴人系爭房屋之住宿經驗評價分享為真。

伍、○○高等行政法院○○○年度簡上字第○○○號裁定。

主文:原告(甲)上訴駁回

判決理由:

1. 原判決對於上訴人有未領取旅館業登記證而經營旅館業務之違章事實,被上訴人搜證程序係屬合法。
2. 上訴人雖以原判決違背法令為由,惟上訴意旨無非係重述其在原審已提出而為原審所不採之主張,或重申其一己之法律見解,泛言未論斷或違法。而非具體表明合於不適用法規、適用法規不當、或行政訴訟法第 236 條之 2 第 3 項準用行政訴訟法第 243 條第 2 項所列各款之情形,難認對原判決之如何違背法令已有具體之指摘應予駁回。

陸、評析

本報告認為此案件違反旅宿經營之問題，與行政罰法與特別法（發展觀光條例）定位方面是否有進一步討論的餘地呢，例如初犯的罰則較輕？

或者，就按發展觀光條例第 2 條第 9 款規定：「本條例所用名詞，定義如下：⋯⋯ 八、旅館業：指觀光旅館外，以各種方式名義提供不特定人以日或週之住宿、休息並收取費用及其他相關服務之營利事業。」第 24 條第 1 項規定：「經營，除依法辦妥公司或商業登記外，並應向地方主管機關申請登記，領取登記證及專用標識後，始得營業。」未領取旅館業登記證而經營旅館業務。⋯房間數 5 間以下，處新臺幣 10 萬元，並勒令歇業。

不過，如果從上述法規來處罰違規者，在行政罰法第 18 條第 1、2 項與第 20 條亦明載「裁處罰鍰，應審酌違反行政法上義務行為應受責難程度、所生影響及因違反行政法上義務所得之利益，並得考量受處罰者之資力。」上文所規定對照甲違反經營房間數才【一間】而已，其適用上是否有違比例原則呢？其實亦有探討的空間。

第二篇

服務滿意與法律意識

第六章　服務業與消費者保護法

第七章　消費爭議與分類

第八章　服務瑕疵、服務缺失與服務過失

第二篇　服務滿意與法律意識

第六章
服務業與消費者保護法

第一節　服務業的特性

　　在現代經濟中，服務業佔據了重要地位，其發展不僅帶動了經濟增長，還改善了人們的生活質量。然而，隨著服務內容的多樣化和服務提供者的增多，消費者與服務業者之間的法律關係日益複雜。消費者保護法（以下簡稱消保法）在這個背景下發揮了重要作用，確保了消費者的權益不受侵害，同時也規範了服務業者應承擔的法律責任。

　　消費者保護法的適用範圍不僅限於實體商品的交易，也包括服務提供過程中可能發生的法律爭議。根據消費者保護法第 7 條的規定，企業經營者無論是提供商品還是服務，都應當保證其安全性和符合消費者合理期望的品質水平。這些法律要求是為了確保消費者在使用服務時不會因為質量問題

或安全隱患而受到損害。

　　服務業與實體商品的主要區別在於，服務的特性使其難以事先進行評估，消費者通常無法在使用服務前確定其品質。這就意味著，當服務提供者未能如期提供服務，或提供的服務品質不符合合理期望時，消費者可能面臨法律爭議。例如，在住宿業中，消費者可能因為訂房後發現房間狀況不符合預期或服務質量低而提出投訴。

　　服務業一直在台灣經濟體系佔有一席之地，並且服務業產值在各國的經濟結構中也不斷攀升，良好完善的服務可以是帶給企業經濟的動力，甚至能與顧客建立起長期的良好關係，然而由於服務在傳遞的過程中涉及員工、主管、顧客等，且服務與消費的不分割性，顧客不能在消費之前對服務交付進行評估，就民法而言，其中一方未能100％交付的可能性是存在的；當未能完整交付服務時，服務失誤就會無法避免，而不管顧客所經歷的服務失誤類行為何，透過服務補救可維護顧客關係。

　　如果經營業者了解服務失誤的嚴重性，以適當的折扣或是現金禮券等實質性補救，讓消費者感受到服務提供者或企業對於發生服務失誤時解決問題的誠意，甚至可以讓顧客願意主動向服務提供者或企業告知對服務補救的建議，可能會造成企業付出稍許成本，但若企業未能判斷失誤的嚴重性，

在適時的情況給予高度的實質性補救,可能會讓顧客感受業者只是應付的心態而已,如果溝通不善,服務疏失可能成服務瑕疵,如果有實質的提供損害證據,亦可能演變成服務過失。

第二節 消費者服務系統與服務品質模式

一、消費者服務系統

消費者服務品質,會隨著時間的經過,易對產品的變化而產生不確定性,不僅可能會造成商品或服務的預期效益降低,甚至有可能會對消費者或第三人造成損害。

事實上,所有之服務均毫無區別地納為無過失責任之規範對象,除了會造成若干不合宜之現象外,亦恐將因而影響企業經營者企業經營之方式,並因而導致社會經濟、科技等各方面發展之延遲。

從服務瑕疵所衍生之法律關係通常較為簡化,並不常見具有如同商品責任多數責任主體之特性,當契約存在於服務提供人與服務接受者之間時,消費者受有損害,即得逕向服務提供人主張債務不履行責任,甚至享有瑕疵擔保責任之請求權。

若將服務行為一整體的系統,則從服務系統讓我們可以鳥瞰整個服務的面貌,瞭解服務的構成元素以及元素之間的關係,一般而言服務系統[01]是由先前接觸點、後場與前場三大部分組成。

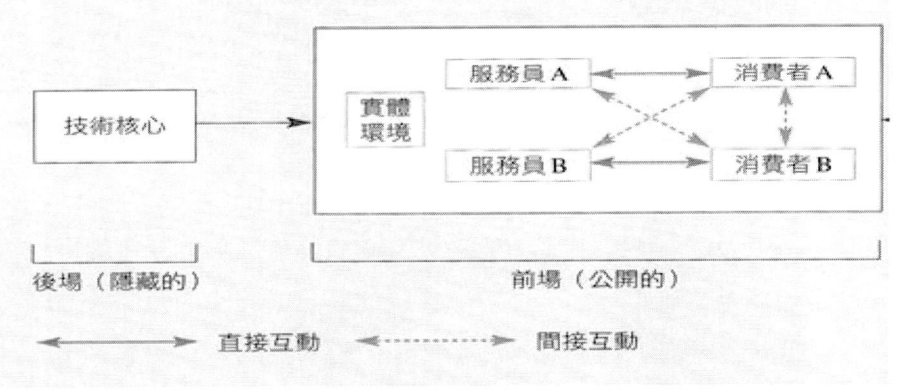

圖 3 服務系統

後場是指消費者看不到的服務作業,而前場 (front stage) 則是對消費者公開的服務作業。後場的任務主要是提供技術核心,以便前場的服務人員能夠提供理想的服務。例如,高級餐廳的後場必須採購合宜的餐器具、嚴格選購材料、定期清洗消毒環境、訓練服務生的禮儀應對、確保廚師的烹調知識與手藝等,這些都不是消費者看得見的,也不會費神關心的,但對於餐廳的服務特色與品質卻有關鍵的影響。

---

[01] 曾光華,行銷管理:理論解析與實務運用,前程文化事業股份有限公司,第八版,2020 年 9 月,p.435。

然而服務系統的過程中有時候不免存在變異性，換言之，商品可以在控制的條件下生產，不論生產力和品質都能設計至最佳化，在送到顧客手裡之前確認品質是否合乎標準；但在一個服務運作系統裡，服務人員和顧客的表現，會讓服務的投入與產出很難標準化及控制品質，由於因人而異的狀況不同，不同的人提供的服務可能會使服務結果產生「不滿意」的情況，但仍然維持服務品質，例如，接受 SPA 美容業者的服務，可能提供的美容師手法不同或輕重按摩力道不同，顧客就會有「不滿意」此次服務的情形。

與不滿意的情境作對照，瑕疵是指服務的過程產生「錯誤」，致使顧客對結果產生微詞，例如，接受 SPA 美容業者的服務，由於美容師手法或過度用力，造成顧客的輕微受傷，就是一種服務瑕疵。

二、服務品質模式

所以，如何掌控服務品質模式，就是避免服務瑕疵的重要參考，服務品質的觀念，美國三位學者 Parasuraman、Zeithaml 和 Berry[02] 發展了一個服務品質觀念模式，簡稱 PZB 模式 (PZB model) 或缺口模式 (gap model)。

PZB 理論主要是說明整體服務的過程，每一個接觸點都

---

[02] PZB 模式是於 1985 年由英國劍橋大學的三位教授 Parasuraman，Zeithaml and Berry 所提出的服務品質概念模式，簡稱為 PZB 模式。中心概念為顧客是服務品質的決定者，企業要滿足顧客的需求，就必須要彌補此模式的五項缺口。

有可能出現「缺口」，提供服務者即可針對缺口予以改進，服務進行出現的缺口共有五項，如下圖4所示。

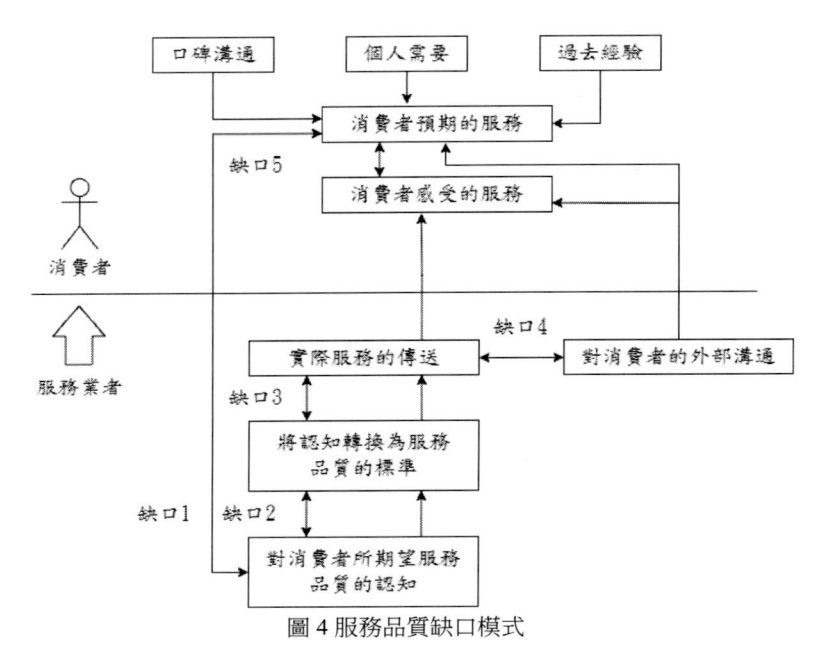

圖4 服務品質缺口模式

再者，服務品質就傳統的行銷組合（即產品、定價、通路、及促銷，簡稱4P）觀念不足以涵蓋服務業的行銷範圍，因此不少學者建議增加三個因素來補充原有行銷組合的不足。這三個因素是實體環境 (physical environment)、服務人員 (service personnel) 與傳統的行銷組合加起來稱為與服務過程 (service process)7P。

第六章　服務業與消費者保護法

　　以缺口 1 舉例而言：其缺口形成的原因是缺乏瞭解或是誤解顧客的需求或慾望，如果甚少進行顧客滿意度的調查，則容易產生此缺口，是一種「溝通的瑕疵」。

　　所以如果能持續不斷的進行顧客滿意度及需求的研究，是解決此缺口的重要步驟，目前許多餐廳都會附上顧客滿意度的問卷，瞭解顧客需求，也可說是消費者「預期的服務」與服務業者對「消費者所期望服務品質」。

　　至於缺口 2 至缺口 5，皆是從缺口 1 所引出的一連串不滿缺口。其中最富爭議者乃醫療行為是否屬於「服務」而適用於消保法第 7 條之無過失責任。

　　台灣消費者保護委員會於研商同法施行細則時，就「服務」決議不設明文，而留待法院及學說，依社會、經濟發展及消費者保護之需要決定，不過也因此學說上與實務上就「服務」之適用範圍產生爭議。事實上，消保法之服務無過失責任，學者稱之為超前立法，蓋比較法上對服務無過失者，僅屬少數 [03]。

---

[03]　陳聰富 (2001)，〈消保法有關服務責任之規定在實務上之適用與評析〉，《臺大法學論叢》，30 卷 1 期。

第三節　服務類型與服務花朵

(一) 服務類型

行政院主計處資料顯示[04]，1998年服務業產值佔台灣國內生產毛額(GDP)首次達50%象徵台灣開始邁入服務經濟體系，2011年該比率已經超過72%（工業25%，農業低於2%）。另外，截至2011年，服務業人口佔了台灣近千萬就業人口中的58%。從這兩項經濟指標，我們不難想像台灣的經濟表現與就業率等與服務業的成長息息相關。

服務業包含批發零售、餐飲、運輸倉儲通信、金融保險及不動產、工商服務(含法律、顧問、廣告、租賃)、教育衛生及社會服務(含補習班、醫療院所、福利機構、職業公會)、文化及休閒服務(含廣播、電視、旅館、藝文團體)、個人服務(含汽車維修、托兒所、美容、殯葬)、公共行政(含各政府機關的服務)等行業。因此，服務業是集合名詞，用來形容具有類似服務性質的行業。

由於服務的特性相當多元，甚至抽象，再加上實務界或學術界的看法不一，因此對於「服務是什麼」，並不容易回答。比較普遍的說法是服務的本質不是在於萃取、加工或製

---

[04]　https://nstatdb.dgbas.gov.tw/dgbasAll/webMain.aspx?sys=100&funid=dgmaind

造天然資源、材料與零組件,而是在於透過某種行為、活動或程序,為消費者的健康、安全、知識、情緒、外貌、財物等加分。這項說法隱含一個意義:服務具有無形的特質;而無形性公認是區分服務與製成品最重要的一項特質,如表 1 所示。

表 1 以服務活動性質及服務接受對象分類服務

服務活動性質	服務接受對象	
	人	物
有形行動	人身的處理 理髮美容 醫療保健 旅宿休閒 餐飲膳食	物品的處理 貨物運輸 洗衣烘熨 汽車維修 環境清潔
無形行動	心理刺激的處理 教育成長 心理治療 藝術欣賞 管理顧問	資訊的處理 會計帳務 法律顧問 保險諮詢 學術研究

旅宿服務之範圍,應包括提供安全之住宿與用餐環境,亦即為達到提供餐飲服務之目的,應有提供安全用餐環境之附隨義務。一般消費者所認知的服務業是指消費服務業 (consumer service industry),主要功能是增進一般民眾的生活品質,包含醫療保健、觀光休閒、交通宅配、美髮美容、健身運動、住宅服務、汽車維修、補習教育、零售餐飲等行業,

然而，就經營的立場，服務是屬於一種行為，與有形的產品是有性質上之區別與差異；法律性質上，美國學者亦認為服務應為「行為」(conduct)[05]。

然而，大量的生產商品與服務的提供勢必對品質控管造成考驗，不良商品、服務發生的機率相對提升，而在任何國民皆有可能成為上述不良商品或瑕疵服務受害者。

因此，消保法將商品與服務併列，統一規定企業經營者就其所設計、生產、製造之商品或其所提供之服務具有安全或衛生上之危險，致生損害於消費者或第三人時，應就其所生損害負賠償責任。

(二) 服務花朵

從服務業型不難發現，各種類型的服務情境可以定義出其核心服務的要點，再加上流流程圖更可以作到更完美的服務。

從服務流程言之，有些服務的過程很短，只有幾個步驟而已，但是有些服務卻要花費較長時間，且步驟繁複；例如，在度假飯店用餐可能只需幾個小時，去主題樂園遊玩則要一整天，如果你是事先預定，那表示第一個動作在幾天或甚至幾週前就開始進行了。

---

[05] See William C. Powers, Jr(1984)，Distinguishing between Products and Service in Strict liability，North Carolina Law Review 62(3)，p.410-420

第六章　服務業與消費者保護法

要改善服務的品質與效率，必須充分了解顧客涉入服務的情形，當顧客與服務公司的服務人員、無人的服務系統如網站、實體設備及其他顧客互動時，就是在接收一些影響他們對這個服務的期待與評價的資訊。

一個程序包含開始投入到產出，那每個服務組織的實際程序又是如何呢？它又如何完成任務呢？服務程序裡有兩個要素：人與物品。有些例子像運輸或教育，顧客本是服務程序最主要的投入者；有些主要的投入者則是物品，像故障待修的筆記型電腦或待記帳的財務資料。某些服務業的程序是實體的，會出現一些有形的東西；然而，在資訊型態的服務業裡，程序則是無形的。

服務之提供流程有異於商品之銷售過程，服務責任規範之對象係為「無形之勞務」，即以服務提供人之行為為客體，通常具有「生產與消費同時性」之特性，接受服務者乃與服務提供人有程度不一之接觸，所以消保法並未就服務明文定義，參照歐洲共同市場一九九０年關於服務責任要綱建議案第二條規定，有關消費者保護法第七條規定之服務似可嘗試定義為：指非直接以生產或製造商品或移轉物權或智慧財產權為客體之勞務。

從服務管理的觀點而言，LOVELOCK(1986) 提出服務花朵的概念架構，在飯店服務傳遞到顧客身上的過程中所進行的步驟，則稱之為附屬服務，服務花朵的概念對於這些圍繞

第二篇 服務滿意與法律意識

依附在花瓣核心中心的外部總共為八種不同的服務項目，表3即說明旅館業服務流程與服務花朵項目[06]：

表2 旅館業服務流程與服務花朵項目

旅館業服務流程	服務花朵項目
1. 資訊	預約房間
2. 諮詢	網路、電話洽詢
3. 接訂單	住宿/退房
4. 接待	接待大廳
5. 保管	車輛停放、行李暫存
6. 付款	櫃檯結帳、退款
7. 額外服務	用餐、健身房、泳池
8. 結帳	開發票、收據

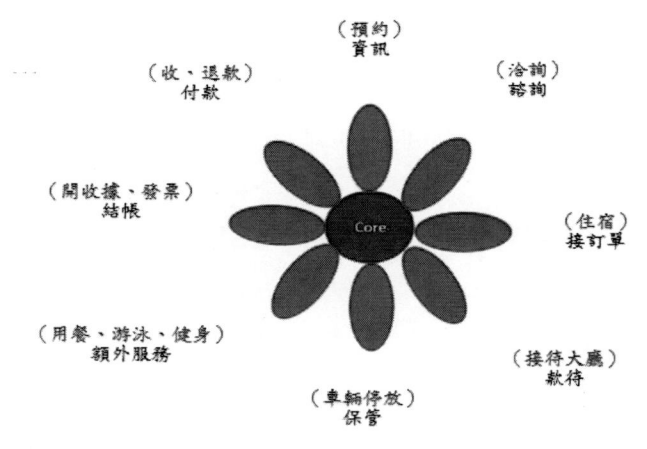

圖5 旅館業服務花朵項目

[06] Lovelock, Christopher H. "Classifying Services to Gain Strategic Marketing Insights.' Journal of Marketing 47 (Summer 1986): 9-20

第四節　服務法規

衡諸歐美先進國家對服務業的法益,一般認為服務之提供人,就其所提供之服務並非承擔「結果債務」,而僅承擔「行為債務」[07],服務提供人固應以謹慎且專業之方式提供服務,但就其所提供服務之結果,除有特別情事外,不負擔保之責,故服務提供人不負無過失之嚴格責任;不過服務提供人仍應盡之注意義務,原則上應從嚴要求,此項注意義務,乃客觀之注意義務,其所提供之服務,應符合一般合理且謹慎之服務提供。相較臺灣,消保法,規範對產業涵蓋面不僅限於設計、生產、製造、經銷及輸入商品企業經營者,也包含提供、經銷及輸入服務之企業經營者,因此商品有缺陷造成消費者受有損害時,商品製造人應負無過失賠償責任。

至於,台灣消費者保護法對於服務業的法律責任具體表現在幾個方面(見章後參考法條摘錄一):

1. 無過失責任:依照消費者保護法,企業經營者應當確保其提供的服務符合當時科技或專業水準可合理期待的安全性(見章後案例一)。這意味著即使服務提供者未能事先預見問題,但若服務品質存在安全或其他潛在風險,可能會引發消費者的法律索賠要求。

---

[07] 黃立,消費者保護法:第一講—我國消費者保護法的商品與服務責任(一),月旦法學教室,第 8 期,第 68-78 頁,2003 年 06 月。

2. 警告義務：如果服務具有危害消費者生命、身體、健康或財產的潛在危險，服務提供者有義務在顯著位置提前警告消費者。這樣的警告可以是明確的標示，或者在服務提供前對消費者進行充分的說明。
3. 賠償責任：如果企業經營者未能履行其無過失責任，導致消費者或第三方受到損害，則服務提供者需承擔連帶賠償責任。當然，服務提供者可以試圖證明其在提供服務時未有過失，以減輕或免除其賠償責任（見章後案例二）。
4. 行政罰款和停業處分：如果服務提供者違反消費者保護法的規定，特別是在安全或其他重大事項上，可能會面臨行政處罰，如罰款或停業處分。這些措施旨在強制執行法律規定，確保消費者權益得到充分保護（見章後案例三）。

如果消費者成功證明了服務瑕疵，以旅館而言則可能需要承擔賠償責任，以補償消費者因未能享受到宣傳中所承諾的服務而可能遭受的損失。

消費者保護法在保障消費者權益的同時，也對服務業提供了明確的法律框架，規範了服務提供者應當承擔的法律責任。對於服務業者而言，遵循消費者保護法的規定不僅是法律上的義務，也是建立良好企業形象和保持顧客忠誠度的重要手段。因此，在提供服務時，服務業者應當注意遵守法律規定，提高服務品質，以滿足消費者的合理期望，從而減少法律風險和可能的法律爭議。

基於上述,本書聚焦以服務業之旅宿業者作為個案探討的對象,因為現代旅宿業的功能包括,住宿、餐飲、購物、休閒(健身、SPA、游泳)等活動,程序從網路訂房、停車、入住移動、房間使用、餐飲、到休閒活動涵蓋甚廣,各項活動很容易產生消費爭議,如下表所示。

表3 住宿活動程序表

旅宿服務	顧客行為
1 網路訂房	留下記錄
2 入住登記	託運行李
3 停車	停入停車位
4 電梯、走廊、房間	抵達房間
5 淋浴、電視、床	淋浴、睡眠
6 餐飲	用餐
7 購物	逛商店
8 休閒	健身、SPA、游泳

由於旅宿業的基本功能如住宿、餐飲、休閒等服務內容是現代生活不可缺的一環,旅宿業經營業者若想要擴大其市場佔有率,就有必要進一步深入了解消費者在面對旅宿業服務瑕疵時,消費者法律主張為何?進一步言,消保法將商品與服務併列,統一規定企業經營者就其所設計、生產、製

造之商品或其所提供之服務具有安全或衛生上之危險,致生損害於消費者或第三人時,應就其所生損害負賠償責任,因此,商品責任與服務責任適用相同之構成要件,旅宿業經營者又該如何自保?最後,透過法律爭議個案了解服務瑕疵其因果關係及法院判決的思維模式為何?

如何建立穩固的顧客關係是行銷的基石,因此服務提供者的目的在於創建一個滿意、忠誠的顧客群,透過建立長期關係來留住他們的顧客,希望經營者能藉由法律層面的認識進而減少消費爭議。

第六章　服務業與消費者保護法

參考法條摘錄一

《消費者保護法》

第一章　總則

第 1 條：(1)為保護消費者權益，促進國民消費生活安全，提昇國民消費生活品質，特制定本法。

(2)有關消費者之保護，依本法之規定，本法未規定者，適用其他法律。

第 2 條：本法所用名詞定義如下：

一、消費者：指以消費為目的而為交易、使用商品或接受服務者。

二、企業經營者：指以設計、生產、製造、輸入、經銷商品或提供服務為營業者。

三、消費關係：指消費者與企業經營者間就商品或服務所發生之法律關係。

四、消費爭議：指消費者與企業經營者間因商品或服務所生之爭議。

五、消費訴訟：指因消費關係而向法院提起之訴訟。

六、消費者保護團體：指以保護消費者為目的而依法設立登記之法人。

七、定型化契約條款：指企業經營者為與多數消費者訂立同類契約之用，所提出預先擬定之契約條款。定型化契約條款不限於書面，其以放映字幕、張貼、牌示、網際網路、或其他方法表示者，亦屬之。

八、個別磋商條款：指契約當事人個別磋商而合意之契約條款。

九、定型化契約：指以企業經營者提出之定型化契約條款作為契約內容之全部或一部而訂立之契約。

十、通訊交易：指企業經營者以廣播、電視、電話、傳真、型錄、報紙、雜誌、網際網路、傳單或其他類似之方法，消費者於未能檢視商品或服務下而與企業經營者所訂立之契約。

十一、訪問交易：指企業經營者未經邀約而與消費者在其住居所、工作場所、公共場所或其他場所所訂立之契約。

十二、分期付款：指買賣契約約定消費者支付頭期款，餘款分期支付，而企業經營者於收受頭期款時，交付標的物與消費者之交易型態。

第 2 條：企業經營者對於其提供之商品或服務，應重視消費者之健康與安全，並向消費者說明商品或服務之使用方法，維護交易之公平，提供消費者充分與正確之資訊，及實施其他必要之消費者保護措施。

第二章　消費者權益
第一節　健康與安全保障

第 7 條：(1) 從事設計、生產、製造商品或提供服務之企業經營者，於提供商品流通進入市場，或提供服務時，應確保該商品或服務，符合當時科技或專業水準可合理期待之安全性。

(2) 商品或服務具有危害消費者生命、身體、健康、財產之可能者，應於明顯處為警告標示及緊急處理危險之方法。

(3) 企業經營者違反前二項規定，致生損害於消費者或第三人時，應負連帶賠償責任。但企業經營者能證明其無過失者，法院得減輕其賠償責任。

第 7-1 條：(1)企業經營者主張其商品於流通進入市場，或其服務於提供時，符合當時科技或專業水準可合理期待之安全性者，就其主張之事實負舉證責任。

(2)前項之企業經營者，改裝、分裝商品或變更服務內容者，視為第七條之企業經營者。

第 8 條：(1)從事經銷之企業經營者，就商品或服務所生之損害，與設計、生產、製造商品或提供服務之企業經營者連帶負賠償責任。但其對於損害之防免已盡相當之注意，或縱加以相當之注意而仍不免發生損害者，不在此限。

(2)前項之企業經營者，改裝、分裝商品或變更服務內容者，視為第七條之企業經營者。

第 10 條：(1)企業經營者於有事實足認其提供之商品或服務有危害消費者安全與健康之虞時，應即回收該批商品或停止其服務。但企業經營者所為必要之處理，足以除去其危害者，不在此限。

(2)商品或服務有危害消費者生命、身體、健康或財產之虞，而未於明顯處為警告標示，並附載危險之緊急處理方法者，準用前項規定。

第六章　服務業與消費者保護法

《案例一》無過失責任的考題

服務欠缺安全性之民事判決,多次作為公職人員考題:

依據消費者保護法第七條規定,從事設計、生產、製造商品或提供服務之企業經營者,應確保其提供之商品或服務無安全衛生上之危險。此規定意指商品製造人與服務提供人對於消費者要負起:
(A) 過失責任
(B) 無過失責任
(C) 擬制無過失責任
(D) 具體輕過失責任

答案:B

重點提示:

1. 企業經營者之故意所致之損害,消費者得請求損害額5倍以下之懲罰性賠償金。
2. 但因重大過失所致之損害,得請求3倍以下之懲罰性賠償金。
3. 因過失所致之損害,得請求損害額1倍以下之懲罰性賠償金。
4. 我國消保法第7條將服務責任與商品責任一併規定,且主觀要件均為》無過失責任」,故已有學者認為此一立

法乃台灣所獨創且有過度保護消費者之虞,但在現行法已明文規定的情況下,如何透過解釋妥切適用本條即屬關鍵。

5. 消保法採取的是「無過失責任」,即使企業經營者能證明其無過失,也只是由法院斟酌減輕其賠償責任。
6. 由於民眾與商家間往往有資訊不對等的情況,所以民法這裡採取了「推定過失責任」,也就是
7. 除非商家有辦法舉證證明其沒有過失
8. 商品沒有欠缺安全性
9. 或商品雖然有欠缺,但與損害間沒有因果關係

否則店家就必須負責。

《案例二》旅宿業中的服務瑕疵與法律責任

案例描述：

假設一家旅館在其宣傳照片中展示了寬敞且舒適的客房，但當消費者抵達並入住時，發現房間比預期的小，並且部分設施（如衛生間設施或者 Wi-Fi 連接）無法正常運作。消費者對於這些不符合預期的情況感到不滿，認為這是旅館在服務品質上的瑕疵，因此要求退款或其他補救措施。

法律分析：

根據消費者保護法的規定，旅館作為服務提供者，應當確保其宣傳的客房設施和服務水平符合消費者的合理期望。如果消費者可以證明旅館未能提供宣傳中所承諾的服務品質，例如房間大小、設施功能等，則旅館可能會面臨未能履行無過失責任的指控。此時，旅館需要證明其在提供服務時已經盡到合理的注意義務，或者提供證據顯示消費者的期望過高或不合理。

《案例三》旅客疑食物中毒，縣衛生局調查結果逆轉

　　新北市某公司員工旅遊入住○○飯店，發生7人疑食品中毒案，縣衛生局接獲通報後展開調查，檢體驗出均為陰性、環境檢體與食餘檢體均未檢出病原菌，根據檢驗報告與調查事證結果綜判，未有因果關係，食品中毒案不成立。

　　衛生局表示，本案採檢5名發病個案與8名廚工人體檢體，結果均為陰性；另採集環境檢體4件及食餘檢體8件，亦未檢出病原菌。

　　衛生局表示，依相關檢驗報告與調查事證所得結果綜判，業者供應的食品與病患疑似食品中毒之間，尚無證據顯示有因果關係，故不成立食品中毒案件。

　　縣衛生局接獲通報後，啟動疑似食品中毒調查，疫調與環境檢體採樣，現場發現有環境缺失事項是生熟食刀具未區隔、部分調味品分裝未標示品名及效期，已立即改善。此外，熟食區部分天花板不潔，也要求業者限期改善，暫停作業，環境清消後，才可對外供餐，之後經衛生局確認業者完成清消，同意恢復供餐。

衛生局指出，針對轄內餐飲業食品衛生加強輔導及稽查，維護民眾飲食安全。衛生局也提醒民眾，不論外食或自行烹煮，都需特別注意餐飲場所的衛生狀況，避免生食，食材應充分煮熟，迅速食用完畢，謹守「要洗手、要新鮮、要生熟食分開、要注意保存溫度、要徹底加熱」的五要原則，預防食品中毒事件發生。

第二篇　服務滿意與法律意識

第七章
消費爭議與分類

第一節　消費爭議

　　消費爭議是指消費者與企業經營者間因消費關係所發生之爭議，所謂消費者，依消保法第 2 條第 1 款規定，是指以消費為目的為交易、使用商品或接受服務者；同條第 4 款所稱消費爭議，是指消費者與企業經營者間就商品或服務所生的爭議，並不包括其他爭議在內，如一般消費者與企業經營者間於尚未發生與商品或服務有關的消費關係前，消費者因企業經營者商品或服務之品質不良所為的告發，由於其不具有消費關係存在，並不屬於消保法所稱消費爭議的範圍。

　　Covid 疫情期間，國人旅遊方式逐漸在國旅市場，行政

院消費者保護處公布全國 100 家親光旅館，及旅館所使用的「住宿券」查核結果：發現有 37 家部分查核項目不符合規定，不合格率近四成，目前尚有 3 家業者尚未改正[08]；消保處表示，業者屆時若未限期改正，將依《消保法》處最高 50 萬元罰金，並可連續罰款。業者這樣的不當推廣活動已侵害到消費者權益，是消保法規範的消費爭議。

再以旅宿業二則消費爭議為例：

1. 花 2 萬多入住 A 地○○酒店，結果先碰到浴室排水管毛髮阻塞，放在冰箱內的食物也未被丟棄，使房客氣到投訴，最後飯店方也坦承疏失，但是否賠償房客免費住宿則雙方爭執中[09]。

2. 花了 1 萬 8 千元入住新竹某知名連鎖飯店，原應包含在費用內的房內飲品餅乾零食及飯店三溫暖設施，卻因有關人員未確實說明及開啟，櫃台人員收取房費，卻未說明迎賓茶點內容；而飯店三溫暖設施卻未運作，櫃台人員先說是「忘了開」，後又稱是為了省電所以沒開按摩池、烤箱，使旅客權益受損，要求退費爭執中[10]。

---

[08] https://news.housefun.com.tw/news/article/amp/818015286512.html，最後瀏覽日期：2023 年 6 月 3 日。
[09] https://travel.ettoday.net/article/2299879.htm，最後瀏覽日期：2023 年 6 月 3 日。
[10] https://news.ltn.com.tw/news/HsinchuCity/breakingnews/3266127，最後瀏覽日期：2023 年 6 月 3 日。

本章後《案例一》，是消費者向市府舉發某飯店的不當收費後，飯店的回函，即屬於消費爭議的情形。

另外本章後《案例二》是某飯店收到行政院消費者保護會的來函，內文有關消費者住宿申訴內容，亦屬消費爭議。

第二節　爭議分類

消費爭議從消費者在購買產品或接受服務後，因產品或服務的品質、價格、交付方式、售後服務等問題，與商家或服務提供者之間產生的爭端或糾紛，這類爭議通常涉及消費者對購買或服務結果的不滿，並可能通過申訴、索賠、或法律訴訟來解決（見章後案例三、與案例四）。

消費爭議的根源可以多樣化，包括產品缺陷、服務不符合約定、商家誤導性宣傳等。這些爭議常常與服務疏失相關，因為服務疏失是消費爭議的一個重要構成因素。服務疏失指的是服務提供者在履行服務過程中未能達到合理的服務標準，或未能按照約定履行服務內容，導致消費者的期望未被滿足。

下圖 6. 提供消費爭議分類圖，消費爭議可能源自於服務疏失，茲以下圖釐清之間的關係：

第二篇　服務滿意與法律意識

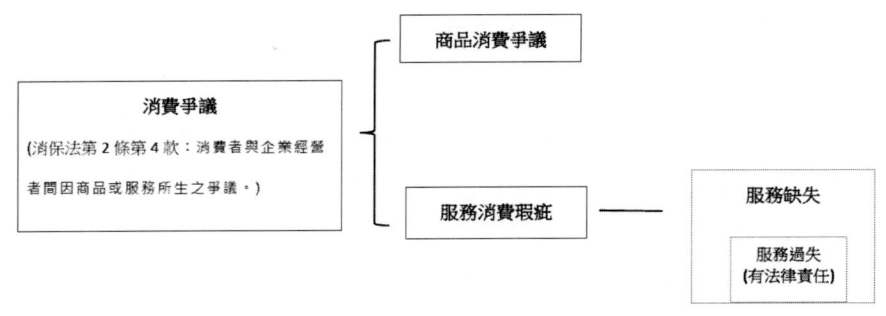

圖 6. 消費爭議分類

第七章　消費爭議與分類

《案例一》泳池不淨及其它消費爭議申訴回函

OO酒店有限公司　函

受文者：OO市政府法制局消保官室

發文日期：中華民國OO年OO月OO日
發文字號：
速別：普通件

主旨：有關（函文字號OO觀管字第OOO號）X君反應我司客房及設施品質不佳所衍生消費爭議一案，內容回覆詳如說明，復請查照。

說明：

一、住客X君於8/28（六）～8/30（一）退房，入住期間使用泳池反應水質不淨導致皮膚發癢之事：
我司自主管理及工作檢查表皆依體育處泳池規範實施，記錄其水質狀況及PH值；X客二日水質及PH值皆在規範內，並無異樣。泳池當日為開放狀態，依疫情實名制登記情形，28日48人、29日63人、30日20人，皆未有其他住客反映水質不佳或因水質導致皮膚發癢之情況發生；X客於入住兩日之行程我司無從了解，故無法證明為我司設備、備品或房況造成。

二、其他服務不實申訴事件：
1. 住客X君於8/28（六）第一天入住房號為2707，入住時間經客務部確認並無耽誤；第二天8/29（日）入住其他房型，房號為NO.2617，假日住房，客務部人員當下亦告知說明並致歉請客人於沙發區休息稍作等候，此為營運現況無可避免！
2. 客反映8/30早餐送餐延遲之事：
我司於疫情期間早餐提供套餐式餐點給客人，客需於前日晚上與我司預約餐點及用餐時間。X客於8/29（日）登記早餐為am 9:30，8/30（一）登記時間為am 8:30，客反映早餐送餐延遲，經調閱監視器亦無讓客人久候45分之事實。
3. 餐點甜點遺漏之事：
疫情期間我司採"個人套餐"供應並採梅花座＋隔板，外場人員皆依客所點之餐別擺盤，托盤於每個位置皆有餐點，在確認無漏後方才送餐，經我司內部查核，X客入住兩日 皆無遺漏之客訴處理；如有遺漏或餐具上有污漬，當下反應，我司同仁亦立即處理更換補充。

183

第二篇　服務滿意與法律意識

  4. 電動腳踏車電量不足之事：
   電動腳踏車為短程使用之交通工具，最大蓄電量之使用公里數為20公里；我司於租借前皆為保持充電中狀態。我司於租用電動腳踏車（50元／次）之時，會與客人告知：請勿騎遠並於領取時查看電量，騎乘時亦需注意，如因沒電而救援需額外支付救援費用500元／次。客如於租借時告知電量不足，我司亦立即更換它台電動腳踏車；當日X客並未反映，故無從了解是否啟程時即為電量不足。

註：
一、本飯店基於服務原則及飯店條約，皆秉持服務熱忱為宗旨，每位同仁盡心盡力競競業業的服務客人，如有任何疏失也盡速補齊、安撫客人並為客人解決其問題，面對其莫須有指控對於本飯店同仁士氣是一大傷害，故X客之要求我司嚴正拒絕。
二、飯店規範—公共空間與房間內禁止吸菸一事，我司於入住前皆會告知並請客人同意簽名；X客於入住期於房間內抽菸屬實，我司向其收取清潔費（煙味難散除，三天無法銷售此房之損失），如附件證明單。若因此事，造成X客惡意報復，浪費國家資源及我司需派人處理此不實之指控，浪費人力，時間成本，其費用與X客收取10萬元服務費用。

正本：OO市政府法制局
副本：OO市政府、OO市政府觀光旅遊局

《案例二》○○飯店住宿消費爭議

正本

檔　號：
保存年限：

○○政府　函

地址：
承辦人：
電話：
傳真：
電子信箱：

受文者：○○飯店(負責人：○○○君)
發文日期：
發文字號：
速別：普通件
密等及解密條件或保密期限：
附件：

主旨：有關○○○君與貴旅館因訂房取消所衍生消費爭議一案，請儘速妥適處理，並於文到15日內將處理結果副知本府行政處法制科、黃消保官崇傑及本府觀光新聞處，請查照見復。

說明：
一、依本府113年8月4日消費爭議申訴資料表（案件編號：○○○）辦理。
二、按消費者保護法第43條第2、3項規定：「企業經營者於對消費者之申訴，應於申訴之日起15日內妥適處理之。…未獲妥適處理時，得向直轄市、縣（市）政府消費者保護官申訴。」
三、檢送消費爭議申訴書1份；所附資料請依個人資料保護法規定妥予處理運用。
四、副本抄送申訴人，如臺端認為本次消費爭議案件於企業經營者於接獲申訴之日起逾15日或本府接獲申訴之日起逾30日後未獲妥適處理，得逕依消費者保護法第43條第3項及消費爭議申訴案件處理要點第11點規定，以書面或至行政院消費者保護會網站提出第2次申訴（網址：https://○○○），本

第二篇　服務滿意與法律意識

府受理第2次消費申訴後,將由本府消保官邀集業者、消費者共同協商調處。臺端亦可向本市消費爭議調解委員會申請調解,或向法院提起消費訴訟,以保障自身權益。

正本：○○樹大飯店(負責人：○○○ 君)
副本：岳○蓉 君、黃消保官崇傑、本府行政處法制科、本府觀光新聞處

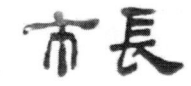

市長

第七章 消費爭議與分類

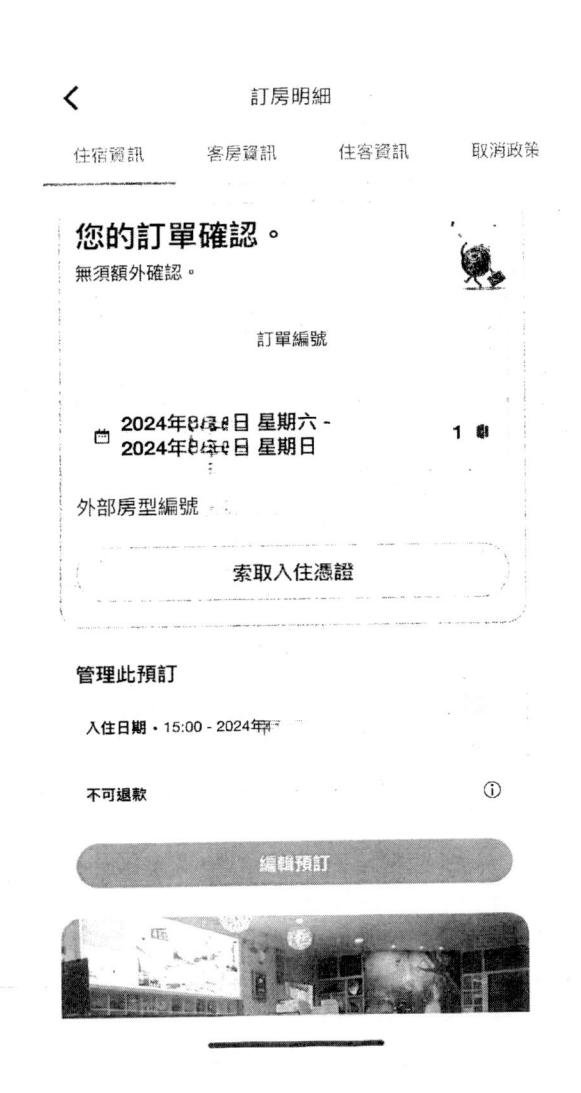

訂房明細

住宿資訊　客房資訊　住客資訊　取消政策

您的訂單確認。
無須額外確認。

訂單編號

2024年□月□日 星期六 -
2024年□月□日 星期日　　1

外部房型編號

索取入住憑證

管理此預訂

入住日期 • 15:00 - 2024年

不可退款

編輯預訂

第二篇 服務滿意與法律意識

申訴人(代理人)個資遮蔽
《注意：請依個人資料保護法規定，處理及利用本系統內之資料；使用者應負保密之責。嚴禁將資料內容公開於非公務使用。》

消費爭議申訴(調解)資料表

受理申訴案基本資料

申請日期	113/XX/XX XX:9:44	申請方式	網路填單	爭議程序		第一次申訴
收文號		收文日期		移文日期文號		
受理機關	嘉義市	案件編號				
處理單位						

申訴人

姓名		出生年月日	**********	電子信箱	**********
聯絡電話		市內電話	**********	性別	**********
身份別		通訊地址			

代送人

姓名		電子信箱	**********
聯絡電話		市內電話	**********
通訊地址		代理人類型/性別	**********

企業經營者1

企業類別	其他	名稱	○○飯店	賣家帳號		分店		負責人	
電話		產業別		地址					

申請狀況

無資料

申訴要旨

台端於2024年08月03日於手機APP程式（Agoda）訂住宿於嘉義○○○○飯店、因飯店違反相關等約定、台端申請退款遭拒。

────────請求內容────────

台端在未使用其旅館設備（進房不到5分鐘）立即申請退款、以下為台端申請退款等原因。
1. 訂此該飯店稱之飯店，但住宿根本比廟物旅館更差勁。
2. 此該飯店放縱其住客於房間抽菸、櫃檯表示無法控制住客，使台端身心遭危。
3. 於該飯店其冷氣、電話都壞掉、房間黴臭味道嚴重。
4. 原本既然無法讓訪客送食物進來，就連監獄都還可以探訪。
5. 綜上原因、台端立即申請退款遭拒並報警、呈請 消費者保護協會 懲處。

是否有貸款爭議

否

消費關係

契約要項		價金(酬勞)支付工具	
價金(酬勞)給付方式		商品或服務之給付方式	
契約關係			

爭議事項

無資料

附件名稱

申訴人 同意 提供申訴之附件資料予企業經營者

第七章　消費爭議與分類

備註
・申訴人為未成年人時，應由其法定代理人代為申訴行為，並應載明其姓名、性別、出生年月日、住(居)所及電話；另申請人有委任代理人者，也請記明。 ・於送出後，請確認畫面上端出現一個民眾案件編號，線上申訴才算完成。 ・如無法送出或畫面未顯現列管案號或密碼時，請下載消費爭議申訴書，填妥後傳真或郵寄至受理機關之地方政府消費者服務中心。 ・依照消費爭議申訴之處理程序，本資料將提供企業經營者，俾其知悉消費者之申訴事由與請求事項，以利受理機關程序之進行或企業經營者得妥處消費爭議，請台端於後列選項勾選願意提供之資料內容(聯絡電話、電子郵件、通訊地址，至少一種)：
通訊地址、聯絡電話

《注意：請依個人資料保護法規定，處理及利用本系統內之資料；使用者應負保密之責，嚴禁將資料內容公開於非公務使用。》

《案例三》

假設某人到一家餐廳用餐,並且根據菜單點了一道特色菜。然而,當菜品送到時,不僅與菜單上的描述不符,而且還存在明顯的烹飪問題(例如生熟程度不一致或食材不新鮮)。這種情況下,消費者可能會對餐廳的服務品質提出不滿,並要求退還部分費用或重新提供符合標準的菜品,這就是一個典型的消費爭議案例,其中服務疏失(例如食物品質不達標)是爭議的根源。

《案例四》

網絡購物中的消費爭議屬於商品消費爭議，假設消費者在網絡商店訂購了一款電子產品，但收到的產品與網頁上的描述不符，或者產品存在明顯的缺陷。在這種情況下，消費者可能會向商家申訴，要求退貨或換貨；如果商家未能按照約定處理問題，或拒絕提供合理的解決方案，也會引發消費爭議，此處的消費爭議可能是廠商疏失在產品品質控制、配送過程中的損壞。

第二篇　服務滿意與法律意識

第八章
服務瑕疵、服務缺失與服務過失

第一節　服務瑕疵

　　一般所謂瑕疵，存在於「物」之本身，例如，買賣東西時，遇到以下情況才能說「東西有瑕疵」，而賣家必須要負擔民事責任，以下是四項物之瑕疵情況：

1. 物品滅失
2. 物品價值減少
3. 物品的「通常效用」滅失或減少
4. 物品缺乏預定的效用或品質

　　近年來，買賣中古屋，法院認為因為一般人對凶宅的恐懼心裡，將造成居住者心理壓力、交易價格跟意願都下降，所以是一種會影響房屋交易價值的瑕疵。賣出凶宅的屋主必

須負擔契約上的責任,讓買家可以解約、減少交易金額。

進一步言,依照民法第 354 條與 360 條,將瑕疵大致分為四類:

一、買賣物滅失

買賣物物理上毀滅消失。

二、買賣物減少價值

買賣物缺少某些提件,致使該物於市場上的交換價值不如買賣契約所約定。

三、買賣物的通常效用滅失或減少

買賣物缺少一般交易觀念應有的功效。若買賣物的數量缺少,而導致買賣物缺少通常效用,也屬於民法第 354 條的瑕疵。所以,如果買賣房屋時,發現坪數短少而足以影響房屋價值與效用,也可認為構成瑕疵。

四、欠缺契約預定的效用或保證之品質

賣家與買家透過契約約定,將標的物應具有的功效或品質明定於契約中。若欠缺該約定的功效或品質,則買賣物具有瑕疵。

陳冠中、王凌亞 (2020) 比較各國雖皆立法規範瑕疵產品之責任,但仍明定由被害人負擔因果關係之舉證責任[11];不

---

[11] 曾品傑,「論消費者保護法上之服務責任—最高法院相關判決」,財產法暨經濟法, (12) 2007。

第八章　服務瑕疵、服務缺失與服務過失

過,各國皆有不同見解,方向是減輕被害人舉證責任負擔,期使被害人能更容易獲得救濟,外國立法例規定如下:

1. 歐盟 1985 年瑕疵產品責任指令第 4 條[12]:「被害人應就損害、瑕疵以及損害與瑕疵間之因果關係負舉證責任。」將損害、瑕疵及因果關係三者皆明文規定由被害人負舉證責任。
2. 德國 1989 年瑕疵產品責任法第 1 條第 4 項[13]:「就產品之瑕疵、損害,及瑕疵與損害間之因果關係,由被害人負舉證之責。就第二項或第三項之賠償義務排除與否發生爭議時,由製造人負舉證之責。」明定由被害人舉證證明因果關係。
3. 法國 1998 年 5 月 19 日瑕疵產品責任法:「原告應證明損害、瑕疵以及瑕疵與損害間之因果關係」。
4. 美國產品責任訴訟中之「嚴格責任」,其要件僅為「一項產品有瑕疵,因而引起損害」為美國多數州所適用之責任。惟美國嚴格責任請求權之原告必須證明「有產品瑕疵之存在」、「其瑕疵於產品出賣時即已存在」及「損害因瑕疵而引起」,此要件即為因果關係之問題[14]。

---

[12] "The injured person shall be required to prove the damage, the defect and the causal relationship between defect and damage." 劉春堂譯,《外國消費者保護法第三輯》,行政院消費者保護署,1995 年 12 月,172-192 頁。
[13] 王廷瑞譯,《外國消費者保護法第三輯》,行政院消費者保護署,1995 年 12 月,68-88 頁。
[14] 黃立,論產品責任,《政大法學評論》,1991 年 6 月,43 期,217-238 頁。

有關瑕疵之定義,一般係指未具備商品在「合理地使用下應具有的預期結果」,我國民法關於「瑕疵」的規範,在民法第 351 條,係指契約的標的物與當事人當初意思所合致者有異。

易言之,無瑕疵在法律上是對物品的交付雙方達成協議(見章後參考法條摘錄一);然而,在服務場域,消費者對服務的要求是穩定性的,可是面對不同的服務人員、不同的服務時間、而且消費者的要求有時不在標準作業程序(SOP)的狀況,從實務而言,服務失誤使顧客不滿意,就是服務瑕疵,其有的後果須要運用服務補償,就比較屬於服務疏失,嚴重的情形就是服務過失,可能需要法律層面的處理;因此,保持服務流程的穩定,更須要管理階層的經營觀念與處理問題的能力。

第二節　服務缺失釋例

依照學者王聖惠[15]之研究,醫學稱疏失者,係事實之概念,指是否有注意義務而違反的事實判斷。

從一般服務業的角度,顧客面對服務疏失時,依情況可能有下列數種反應,一般可分為輕度、中度、及重度的反

---

[15] 王聖惠 (2018),告知說明義務系列:告知說明之範圍,《月旦醫事法報告》20 期,頁 124-129。

第八章　服務瑕疵、服務缺失與服務過失

應,茲舉例如下:

1. 「店家小疏失,下次不再光臨」(輕度)
2. 「店家服務不佳,向友人及網上抱怨」(中度)
3. 「損及顧客權益,顧客要求減免或提供優惠」(重度)

以下三則為中度服務缺失的網路留言[16]。

A 旅客留言:

老實說身為台南人對這間號稱五星酒店蠻失望的,我先說明最奇怪的設計--廁所整體

1.淋浴與廁所的推門
乾濕分離的門跟廁所門居然是往內推,
門往內推我要進到淋浴間直接卡住,
什麼爛設計。

2. 地板沒有排水溝,淹水直接跑到房間
一個有浴缸的廁所居然沒有在門邊跟浴缸邊做排水或擋水,浴缸水滿出來,直接可以衝出到房間地板

3. 浴缸旁邊沒有扶手或支撐架
這個真的是很有問題,你要在浴缸泡澡要冒著跌跤滑倒的風險,站起來也沒東西抓

然後我覺得身為酒店沒有浴袍真的很奇怪,以前去過的酒店都有。

除此之外,游泳池的脫水機不能使用,是不是要請前面的櫃檯發給顧客防水袋之類的,貴酒店是不介意客人拿著濕淋淋的泳衣帽,拿回去到房間嗎?

---

[16] Google 網路評價 https://www.google.com/search?q=%E5%8F%B0%E 5%8D%97%E5%B8%86%E8%88%B9%E9%A3%AF%E5%BA%97%E5%AE%98%E7%B6%B2&oq=%E5%8F%B0%E5%8D%97%E5%B8%86%E8%88%B9&aqs=chrome.2.69i57j0i512l2j46i175i199i512j0i512l6.20061j0j7&sourceid=chrome&ie=UTF-8#rlimm=13535791156575692890 (最後瀏覽日期:2023 年 6 月 20 日)

第二篇　服務滿意與法律意識

B 旅客留言：

在地嚮導・28 則評論・27 張相片

★☆☆☆☆　2 天前

1. 整個飯店只有三部電梯可以使用，在進房與退房時，整個電梯塞爆，等了半個小時都還擠不進去

2. 表定11點開始消毒，但兒童遊戲室球池10點就開始消毒

3. 11點一到，三樓休閒空間大門深鎖，所有人擠在電梯外小空間，又剛好遇到退房潮，小小空間等半小時也無法擠進去，如果遇到火災這些人進退不得，旁邊也無安全梯……

4. 車道單一進出口狹窄無警示燈，也無人員管制

5. 早餐限時一個小時，且服務人員未代位要我們自己找位置，重點前一天入住時就已告知用餐時段，為何不先安排大家座位呢？

6. 無動力設施停用未先告知訂房者，我就是為了這個而訂房的

除了上述還有很多很多缺點，整個酒店軟硬體很差，非常不值得入住，唯一開心的事昨天入住晚上在房間看到煙火很漂亮

C 旅客留言：

1/5

10 小時前在 G Google

不愉快的住宿體驗～訂房標示不清楚～正常都有附早餐～沒附就算了～要加錢吃早餐～也說客滿～整個令人傻眼～泳池氣味不好聞～不是消毒水的味道

房間: 3/5 ｜ 服務: 1/5 ｜ 地點: 3/5

消費者與企業經營者因商品或服務發生消費爭議時，事實上，依消保法第 43 條第 1 項規定，消費者可以選擇向「企業經營者」、「消費者保護團體」或直轄市、縣／市政府之消

第八章　服務瑕疵、服務缺失與服務過失

費者服務中心提起申訴，但對於服務的不滿意，有時候可能因業者軟硬體無法提供滿意的使用，實質建議會不會比發洩不滿更有效果呢？

　　章後所附《案例一》、《案例二》、《案例三》說明服務缺失有時令業者相當的無奈，只有細心加小心，或許可以減少疏失的產生。

第三節　服務過失

一、過失求償

　　如果業者因本身的「過失」與消費者產生糾紛，有可能產生服務過失。消保法第 51 條規定：「依本法所提之訴訟，因企業經營者之故意所致之損害，消費者得請求損害額 5 倍以下之懲罰性賠償金；但因重大過失所致之損害，得請求 3 倍以下之懲罰性賠償金，因過失所致之損害，得請求損害額 1 倍以下之懲罰性賠償金。」此一懲罰性賠償金亦為民法所未見，故相較之下，主張消保法對被害人更顯有利[17]。

　　所以旅宿業大廳如果地面潮溼，就是提供不安全的消費環境，造成消費者跌倒受傷，業者須同時負擔民法與消保法的侵權責任，賠償消費者的損失，這都是「服務過失」的案例；因

---

[17]　魏伶娟，「對消費者保護法制的回顧與展望 - 從兩側實務案例談商品和服務責任製若干法律問題」，月旦法學雜誌，（No.336）2025.5。

此，如果消費者因天雨而在飯店踐踏污水滑倒，依民法與消保法的侵權責任向業者請求賠償，消費者可以主張業者須負侵權責任，在跌倒後2年內請求「未來數月不能工作的薪水損失」、「補償精神」、「醫療費用」、「痛苦的慰撫金」等賠償。

我國消保法將服務納入保護範圍，在立法例上堪稱少數，惟消保法並未對服務加以任何定義，也未設有排除適用的任何規定，因此，理論上只要是以提供服務為營業者，均屬受到消保法所規範的企業經營者，所稱服務並不侷限商品有關聯者為限，與商品無關之服務，均在消保法規範之範圍內，例如運輸業、百貨業、餐飲業、旅遊業等等；消費者若因安全性欠缺之商品或服務受有損害，就商品與服務無過失責任本質上為侵權行為而言，按民事訴訟法第277條文之規定：「當事人主張有利於己之事實者，就其事實有舉證之責任」，應由受害人就責任之成立要件負擔舉證責任。

使用商品或接受服務受有損害之被害人，可區分為三種類型[18]，一、有消費關係之被害人。二、不具消費關係之被害人，且為企業經營者所可預見之被害人。三、不具消費關係之被害人，但非為企業經營者所可預見之被害人。前兩者可依消保法商品服務責任請求企業經營者負起無過失責任，惟若屬第三種僅可依民法請求救濟。

---

[18] 黃立，消費者保護法：第二講 我國消費者保護法的商品與服務責任(二)，月旦法學教室，第10期，第75-88頁，2003年08月。

第八章　服務瑕疵、服務缺失與服務過失

再者，近幾年對於精神損害是否構成商品與服務無過失責任之損害事實有不少討論？如前所述消保法對於損害此一概念並未設有特別規定或限制，因此產生了消費者得請求非財產上損害抑或僅限於請求財產上損害的疑義；精神損害是因財產或財產以外法益被侵害，對受害人或其家屬之精神痛苦或心理創傷，例如，因重度傷殘導致生活困難之精神上痛苦、導致的自卑羞辱等心理上感受，均為最深損壞的範疇，對於精种損害之功能在於藉由給予金錢利益，使被害人經濟生活上獲得利益，以填"被害人精神受損害，亦可使被害人金錢上滿足，而獲得慰撫，雖然精神不完全以金錢彌補，但可以使被害人在其他方面得到精神的平復減輕被害者的精神痛苦。

二、侵權賠償

侵權行為對於民眾在民法上損害賠償責任之歸責原則，大致可分為「過失責任」與「無過失責任」二者（見章後案例四）。消保法第七條至第九條關於企業經營者無過失損害賠償責任之規範性質，係屬「侵權行為法上之規範」無過失責任主義，即有不論加害人有無過失亦需負責之原則，此乃因現代企業發展迅速，危險事業日益激增，導致意外災害發生因加害人之行為具有專業性或科技性，被害人限於所知，常無法舉證證明加害人具有過失。

公司法第 23 條係規定公司負責人對於公司業務之執行，

如有「違反法令,致他人受損害時,即需與公司負連帶賠償責任。」但並未限制其損害認定之法條依據,是以消費者依據消保法第 7 條規定提起訴訟請求同法第 51 條之懲罰性賠償金,均屬侵權行為,如公司負責人於執行職務時違反民法及消保法規定,致消費者受有損害,即應負連帶賠償責任。

戴志傑(2015)指出消費者之損害賠償,該懲罰性賠償金制度之概念應予保留,惟應區別企業經營者之「故意」或「過失」責任,規定其不等之賠償額度,明定因業者「故意」所致之損害,消費者可請求二至三倍之懲罰性賠償金;但若證明乃因「過失」所致,僅得請求一倍以下之賠償金,方可稍微降低因立法從嚴對企業經營者所生之損害[19]。

謝哲勝認為(2014)商品責任的規範採取雙軌規範模式,也因此民法第一九一條之一與消保法上相關規範之間的關係,產生許多不同解釋的空間。事實上,在立法時即有學者指出,在消保法通過後,民法第一九一條之一法律案,應已失其完成立法目的,自應使其在完成立法程序前消失,否則,將來如完成立法,對於消保法的適用徒生困擾。此外,也有學者認為民法第一九一條之一與消保法上的相關規範是否有要同時存在的必要,不無檢討餘地[20]。

---

[19] 戴志傑,「兩案《消保法》懲罰性賠償金制度之比較研究」,臺北大學法學論叢,第 53 期,91.4.18。
[20] 謝哲勝,「商品自傷非商品責任的保護客體 - 評最高法院九十六年度台上字第二一三九號民事判決」,月旦法學雜誌(No.232) 2014.9。

第八章　服務瑕疵、服務缺失與服務過失

消保法關於企業經營者無過失責任之規定，性質上係為侵權責任，而非債務不履行責任，因此，消保法第七條第二項應屬係一種列舉規定；換言之，消保法所保護之法益，除生命權、身體權及健康權外，所稱之「財產」，應限於被害人之所有權或其他物權等財產權而言，並不包括被害人之其他純粹經濟上損失。同時，消保法採無過失責任，且無如同民法第二百二十七條之一之不完全給付規定有損害賠償包括財產上及非財產上損害之法文，故有關精神慰撫金之請求應回復民法侵權行為規定之適用。[21]

任何損害賠償責任無論係本於侵權行為而發生，或係本於債務不履行之原因而存在，皆應以加害原因與損害之間有因果關係為要件，此點於成立消保法條文中企業經營者損害賠償責任之情形亦無例外。消保法第七條第三項規定：「企業經營者違」，其中「致」一字生損害於消費者或第三人時，致即代表應有因果關係之存在[22]。

A 地地方法院八十六年度訴字第一三二六號判決認為：「消費者保護法對於企業經營者乃採無過失責任制度，其對因消費關係而產生之侵權行為雖無任何故意、過失，亦需負損害賠償責任，僅其賠償範圍因消費者保護法未規定，而需適用民法相關規範條文，非謂有關慰撫金請求之構成要件，亦

---

[21] 姚志明，〈論商品責任〉，收於《侵權行為法研究（一）》，頁 119-120. 台北，元照出版有限公司 (2002 年 8 月)。
[22] 朱柏松，《消費者保護法論》，頁 111。

應回歸民法之規定。

消保法第七條第三項但書之規定,企業經營者必須證明其無過失,法院才得減輕其賠償責任。此種規定,等於變更了企業經營者所能主張之民法有關損害賠償責任之減免規定。因此,在適用消保法無過失損害賠償責任之規定時,企業經營者雖可主張民法過失相抵之抗辯,但必須由企業經營者負證明自己無過失之舉證責任[23]。

在消費者保護法中,商品或服務無過失責任與一般侵權行為不同的關鍵點,在於以商品或服務是否「符合當時科技或專業水準可合理期待之安全性」之客觀歸責為企業經營者應否負無過失責任之標準,亦即企業經營者在何種情況下應該負責的問題。至於消保法上企業經營者之無過失損害賠償責任成立之目的,其最重要者係在對於因商品或服務不符合當時科技或專業水準可合理期待之安全性,因而導致消費者或第三人受有損害時,應由商品製造人或服務提供者等責任主體對被害人負損害賠償責任。而實務上依最高法院之判決,消費者就企業經營者是否具故意或過失固不負舉證責任,但就「商品欠缺安全性」與致生「損害」間是否具有相當因果關係,仍應由消費者或第三人舉證證明,始可獲得賠償[24]。

---

[23] 馮震宇、姜志俊、謝穎青、姜炳俊合著,《消費者保護法解讀》,頁 176-177
[24] 最高法院 98 年度台上字第 2273 號民事判決。

第八章　服務瑕疵、服務缺失與服務過失

《案例一》飯店浮動價格案

　　111 年 11 月嘉義阿里山○○○酒店遭民眾投訴，一家四人在 228 連假入住時被收取 6.9 萬房費，入住時才得知房價提高但迫於無奈路途遙遠，最終簽下入住同意書入住，但假期過後通報媒體質疑飯店「浮動價格」欺騙消費者。

　　其中細節包括，房客於 2 月 24 日接到飯店確認電話時，提出晚餐需求，再加上訂房者非本人，飯店在其同意下取消預定再重新預約，房價才會有所更動，由於一行人並未確定幾位有早、晚餐需求，因此於 check-in 時才決定要以一泊二食 6 萬 9 千元的專案價消費入住。

　　該酒店認為民眾透過友人訂房，不清楚訂購價格，在入住前 2、3 天有聯繫告知價格，針對民眾提出早晚餐需求，也有總價並告知，入住時對方也有簽署「入住確認信」入住，結帳時也退還 3 間共 5 千多元價差。當初該酒店報給嘉義縣文化觀光局的房價是 5 萬到 25 萬之間，所以提報的浮動價格並沒有違反規定，酒店進一步解釋，國際飯店房價原本就有「浮動價格」機制，在不同的時間會隨著住房率的高低而產生浮動性房價。雖然該酒店表示，入住前已「以電話」向消費者做確認，在現場也會針對價格對消費者說明，並簽署確認書，客人同意後才會辦理住宿，國際飯店的價格本來就和機票一樣，屬於浮動價格，會隨著日期及需求有所變動，旅客入住前就會以電話做確認，在現場也會針對價格向顧客說明，客人同意後，簽

下「入住確認信」才會辦理住宿。

至於旅客以連續假期到「阿里山○○○酒店」住宿，一家四人住3天2夜，含早晚餐被收取6萬9千元，費用高昂、住房環境圍繞鐵皮屋與官網圖片相去甚遠，引發民眾質疑「消費者權益受損」，房客質疑住房資訊不公開損害消費者權益。

對於此案爭點，在於房價是浮動價格，如果旅宿業者於訂房時「白紙黑字」在契約中明白標示確定價格，不可僅以電話方式說明或確認，而消費者無論是預約或現場訂房，也應看清契約相關條款。

對於旅客訂房的定型化契約，一般紙本簽訂外，運用旅宿業官網完成書面契約的訂定，雙方若依「個別旅客訂房定型化契約應記載及不得記載事項」規定以書面完成訂房手續應可降低消費爭議，減少服務瑕疵的產生。

此案件經媒體曝光，由於屬於彼此認知有異，後來雙方協議和解，未進入訴訟。

第八章　服務瑕疵、服務缺失與服務過失

《案例二》蛞蝓火鍋案

　　自從連鎖壽司店被消費者指稱有「蛞蝓壽司」後，連鎖火鍋店也被爆出發現蛞蝓在蔬菜上，使消費者驚嚇不已，對此，業者也做出回應致歉了。

　　對於該起食安危機，食品藥物管理科派員前往現場稽查，若複查仍不合格，將依違反《食品安全衛生法》處 6 萬到 2 億元罰鍰，另產品責任險若不符合規定，將依同法處 3 萬到 300 萬元罰鍰。

　　事實上，顧客反應菜葉上有蛞蝓時，店家已立即「更換菜盤並致歉」，經釐清來源，發現蛞蝓是來自食材中的白菜，清洗時因內部人員並未察覺，造成賓客不安深表歉意，未來將加強內部管理與檢討，以避免類似情況再度發生，這種服務疏失，雖未釀成消費者健康受損，也算是服務瑕疵。

《案例三》飯店室內飛入大蟑螂案

旅客入住三星級飯店,沒想到房間竟出現天牛大的飛行蟑螂,對此房務人員也出動捕蟲網捕捉,並協助房客更換房間,但房客事後卻不滿要求全額退費不被接受,在網路上發文控訴,「要求全額退費很不合理?」不過,業者據說已更換房間及退還部分房價。

到底本案消費者的要求全額退費合理嗎?事實上,服務因為某些因素而發生延遲或是核心服務低於可接受的服務水準等,消費者面對服務失誤時的最初反應可能產生失望或生氣,但企業若未能及時解釋服務疏失原因及針對服務疏失採取補救回覆措施,消費者的反應可能就不只是失望而已。

針對以上案例,可以得出結論如下:

1. 如果是服務疏失,業者最好能實施服務補救措施,服務補救是希望能夠減輕或修復因為服務失誤對顧客所造成的損失,服務補救是對顧客行為的正面影響活動,可以減輕顧客對服務疏失的不滿感受,企業同理心顧客的心理有所補償,使顧客會針對其所遭遇之損失而有感受業者的誠意。
2. 如果是服務瑕疵,黃立 (2003) 對於瑕疵服務責任規範之必要性,依「瑕疵服務責任歐市準則」說明備忘第一、四條,提出以下數點,可以作為業者處理參考:

3. 基於消費者及受害人因不具備專業知識,且於損害發生時,服務已不存在,使其處於極為不利之地位。
4. 與瑕疵產品相較,瑕疵服務之受害人處於更不利之地位,因為於瑕疵產品發生損害時,常可以對該產品或市上尚存之同頻產品進行檢驗,瑕疵服務則否。
5. 瑕疵服務責任迄今並無明確之原則可以使用,對於案件之勝訴機率較難掌握。
6. 自提供服務人之觀點言,若對服務責任未有規範,將無法準確評估其風險,亦無法投保適當之保險[25]。

---

[25] 黃立,消費者保護法:第一講―我國消費者保護法的商品與服務責任(一),月旦法學教室,第 8 期,第 68-78 頁,2003 年 06 月。

《案例四》冷氣砸死女大生 安裝工判 2 年

2025 年新北地方法院判安裝工人李姓男子專業不足，派工的冷氣行老闆劉姓男子有監督責任，依過失致死罪判李二年、劉一年六月徒刑；可上訴。

審理時李姓男子稱，對當天安裝的直立式冷氣機型不熟，從業以來只裝過四台，但劉姓男子仍執意指派他安裝；劉稱，新婚兩年，小孩剛出生，冷氣行安裝僅抽成百分之廿五，對李草率施工釀禍感到「所託非人」，自己也很無辜。

合議庭認為，劉以一千元承攬冷氣安裝作業，轉包李以七五〇元施工，無論自行施工與否，劉都負有防止任何危害的指揮、管理及監督責任，卻任由專業不足的李獨自施工；事後李認罪，劉始終否認犯行，均未與家屬和解，使芳華正茂的死者香消玉殞，依法量刑。

檢警查出，案發處大樓十七樓房客購買直立式窗型冷氣機，由劉指派李安裝，李施工時將冷氣機放在窗框上未加以固定便鬆手，致冷氣機自大樓外牆墜落。檢方起訴認定，劉雖有乙級冷凍空調裝修技術士資格，明知李缺乏經驗及專業安裝能力，施工時不斷致電詢問如何安裝，連相關材料尺寸都分不清楚，仍為省錢輕率縱容李進行高風險施工，因此應付監督責任。

第三篇

旅宿業服務爭議案例實務

第九章　企業經營者責任

第十章　無過失責任與法律效果

第十一章　服務爭議案例

第十二章　結論

第三篇　旅宿業服務爭議案例實務

第九章
企業經營者責任

第一節　健康與安全保障

　　學者曾光華認為由於服務行為的「無形性」，因此在探討服務行為是否「符合當時專業水準合理期待之安全性」時，往往需針對「服務行為本身」進行評價，而由於「專業水準」納入消保法服務責任的判斷依據，對於「專業水準」學者認為企業經營者之行為若符合國內法令的要求，則生免責效果，惟該標準必須是國家法令所訂定，若僅是業者自行訂定行業標準，例如正字標記或符合 CAS、GMP 之標記，由於僅是業者品質之宣傳，並不能如同國家法令產生強制的效果，自不能因此免其究責[26]。

---

[26] 曾光華，行銷管理：理論解析與實務運用，第八版，前程文化事業股份有限公司，2020 年 9 月。

至於服務乃是一種無形的「勞務供給」，涉及「人之行為或活動」，所以，服務責任中關於過失與安全性欠缺之評價對象皆係「人之行為或活動」，使得二者之判斷難以區別，是否符合「可合理期待之安全性」為客觀歸責原因[27]，就「服務」而言，實與歐洲執委會於一九九０年所提出之「歐洲共同體服務提供人責任指令草案」採取過失責任主義（推定過失責任，該指令草案第一條第二項參照）下所樹立之標準一致[28]。

經營者將商品實際引入市場時，有義務將指示說明清楚，易言之，就是經營（管理）者運用明顯的指示、警告等，指出產品（服務）使用時之危險性並指導如何安全的使用方法。消保法及其施行細則中，與責任主體「企業經營者」概念相關之條文，僅消保法第二條第二款：「企業經營者：指以設計、生產、製造、輸入、經銷商品或提供服務為營業者」以及消保法施行細則第二條：「本法第二條第二款所稱營業，不以營利為目的者為限。」兩條文規定服務之侵權對象消費者，依消保法第2條第1項規定：「指以消費為目的而為了使用商品或接受服務者。」因此，只要是以消費為目的，從事下列三項者：(一)交易；(二)使用商品；(三)接受服務，皆屬於消費者。

至於消保法第10條：「企業經營者於有事實足認其提供

---

[27] 陳忠五，《醫療事故與消費者保護法服務責任之適用問題（下）一最高法院九０年度台上字第七０九號（馬偕紀念醫院難產案件）判決評釋》，台灣本土法學雜誌，第37期，頁38-39(2002年8月)。

[28] 參閱，《企業經營者對消費者侵權賠償責任制度之比較研究》，消費者保護叢書之三，頁65，台北，行政院消費者保護委員會編印(1995年8月)。

之商品或服務有危害消費者安全與健康之虞時，應即回收該批商品或停止其服務。但企業經營者所為必要之處理，足以除去其危害者，不在此限（見章後案例一）。

除了上述條文規定，由於健康與安全保障，消保法施行細則第五條規定可分為「服務提供上之合理使用與期待」、「標示上之說明（說明或警告上缺陷）」與「服務流通使用與後續使用」三種，說明如下：

一、服務提供之合理使用與期待

消保法第 7 條之規定，企業經營者於「提供服務時」，如果所提供之服務不符合「可合理期待之安全性」，並因而致生損害於他人時，即應依消保法第 7 條第 3 項之規定，負損害賠償責任，是非常明顯的嚴重服務瑕疵（見章後案例二）。

二、標示上之說明

以科學、具有周延性之要求予以標示、說明及使用，消費者明瞭危險性存在，而以明顯標識或易見其他方法，以求減輕損害，甚至因而有所避險，若所提供之服務可能產生一定之風險，企業經營者亦必須要提醒消費者注意。例如，電子資訊傳送之風險在於資訊經由電子傳輸，固然迅速便捷，可是有可能出現亂碼而無法辨識，否則將對相對人產生無法預測的風險，因此銀行或與客戶訂定「個人電腦銀行業務及網路銀行業務服務契約」時，就必須提醒客戶注意。

三、服務流通使用與後續使用

經營者不僅負有於提供消費者服務時使其具有符合當時科技或專業水準之義務；更負有繼續觀察其所提供之服務結果之責任，當其發現所提供之服務有危害消費須後續觀察結果[29]。

消保法第 7 條第 1 項雖規定：「企業經營者於提供商品流通進入市場，或提供服務時，應確保該商品或服務，符合當時科技或專業水準可合理期待之安全性。」然而「符合當時科技或專業水準可合理期待之安全性」，除就同法施行細則第 4 條所列四款最終產品、半成品、原料或零組件情形認定外，對於服務之解釋上則尚無依據或標準。

黃園舒認為旅館業者服務之行為，核其性質，自提供旅館服務者觀之，固與商品無關，惟其有營利性，且與住宿旅館之安全或衛生有莫大關係，參以消費者保護法第 7 條第 1 項規定：「從事提供服務之企業經營者應確保其提供之服務無安全或衛生上之危險。」足見消保法所稱服務之性質在於消費者可能由於該服務之提供陷於安全或衛生上之危險，是以提供旅館服務行為，固非屬於商品買賣交易，而屬於提供服務之關係[30]。

---

[29] 黃立，〈餐廳的商品與服務責任問題一評台北地方法院八十八年度訴字第二〇三九號及同院八十八年度訴字第五四一號民事判決，月旦法學雜誌，第 83 期，頁 235-236。

[30] 黃園舒，「限縮消費者保護法「服務」之範圍」，司法新聲第 120 期，p.93。

第二節　經營者責任

對於服務符合相關法令規定或相關檢驗合格，是否即具備可合理期待之安全性一事，可發現法院判決多集中於提供服務之企業經營者的「硬體設施或設備」是否符合法令或檢驗合格之情形，因服務是無形的，服務提供之過程可能會與實體產品相關聯，但其本質上仍是無形的，故服務之提供往往會藉由某些實體設備或設施，例如，遊樂園提供之遊玩服務需藉由遊樂設施實現、住宿服務則需藉由實體的建物房間，然多數判決係肯認服務符合法令或檢驗合格即可認定系爭服務具備可合理期待安全性。

此外，服務具有危害消費者生命、身體、健康、財產之可能，亦應於明顯處為警告標示或緊急處理危險之方法，尤其對於已依科學、專業水準之合理期待可得認識之危險，卻因科技、專業之水準而無法予以克服迴避時，提供服務之人自有必要清楚說明之義務與責任[31]。

因此，經營者的責任可分為以下兩大項：

一、企業經營者的防止義務

消保法第 10 條第 1 項規定：「企業經營者於有事實足認其提供之商品或服務有危害消費者安全與健康之虞時，應即

---

[31] 黃立，〈論產品責任〉，政大法學評論，第 43 期，頁 189(1990 年 6 月)。

回收該批商品或停止其服務。但企業經營者所為必要之處理，足以除去其危害者，不在此限。」同法第 10 條第 2 項：「商品或服務有危害消費者生命、身體、健康或財務之虞，而未於明顯處為警告標示，並附載危險之緊急處理方法者，準用前項規定。」

由於服務責任為「無過失責任」，但消保法第 7 條第 1 項亦規定，企業經營者提供商品或服務仍可藉由證明「符合當時科技或專業水準可合理期待之安全性」免責，然而基於服務具有無形性、欠缺實體的特質，因此評價服務是否欠缺安全性，即無可避免必須對「服務行為本身」進行評價，這種對行為本身進行評價的方式常訴諸一定的行為標準，因此與過失責任的概念相當接近，而導致「服務欠缺安全性」的判斷常與過失責任的歸責方法牽扯不清。因此以「專業水準」與商品責任所適用的「科技水準」進行區別，有學者更認為「專業水準」之立法，實係一定程度寓涵過失責任之意[32]。

消保法第 3 條、第 4 條、第 7 條係將商品與服務視為規範標的，因此在判斷服務是否具備可合理期待安全性時，所採取之認定即與判斷商品之可合理期待安全性的標準相同。

學者陳忠五認為安全性欠缺與否之判斷，必須從「被害人」或「消費者」的角度，依損害發生的事實是否不具有「通

---

[32] 參閱陳忠五，醫療事故與消費者保護法服務責任之適用問題（下）最高法院九０年度台上字第七０九號民事判決（馬偕紀念醫院肩難產案）評釋，頁 50-51，2002 年 8 月。

常可合理期待之安全性」加以認定，此之「被害人」或「消費者」，不是某具體被害人或特定之消費者，而是抽象潛在的第三人或一般消費大眾；因而，在判斷安全性是否欠缺時，必須採取所謂的「外行人判斷標準」，此一標準即是：通常欠缺專業知識、經驗、技術或水準之一般第三人，所能合理期待的安全水準[33]。

二、消保法第 7 條歸責性質

依消保法第 7 條第 1 項之規定，企業經營者應「確保」提供之商品或服務符合當時科技或專業水準之合理期待安全性。就文義上之解釋似乎宣示服務責任屬於無過失責任，而且屬於一種「絕對責任」、「擔保責任」或「結果責任」，只要消費者與第三人因服務受有損害，依同法第 3 項，企業經營者即須負擔損害賠償[34]。而同法第 3 項增訂但書：「企業經營者能證明其無過失者，法院得減輕其賠償責任」。依該但書觀之，原則上商品服務責任仍屬無過失責任並無疑義，但企業經營者可依該書責任減輕之規定，證明自己無過失，以減輕賠償責任，故該但書係為適度調節無過失責任對企業經營者

---

[33] 參閱陳忠五，醫療事故與消費者保護法服務責任之適用問題（下）最高法院九０年度台上字第七０九號民事判決（馬偕紀念醫院肩難產案）評釋，頁 50-51，2002 年 8 月。

[34] 2003 年 1 月 22 日立法院修訂消保法，修正前該法第 7 條第 1 項規定：「從事設計、生產、製造商品之企業經營者，應確保其提供之商品無安全上之危險」，修正後為：「從事設計、生產、製造商品或提供服務之企業經營者，於提供商品流通進入市場、或提供服務時，應確保該商品或服務，符合當時科技或專業水準可合理期待之安全性。」

所生之衝擊，而為衡平的法律規定[35]。

何謂可合理期待之安全性，旅宿業具有服務品質標誌，例如，星級觀光旅館的標章，通常是指該服務具備一定的特性，並非必然說明其具備較高的使用安全性，因此具備此種服務標章的企業經營者，也可能提供有缺陷的服務，亦仍須就其所生之損害負責[36]。

歸納上面文獻，企業經營者不須對商品或服務具有「當時科技或專業水準不能發現之危險」負損害賠償責任，惟依消保法第10條，企業經營者對商品或服務負有後續觀察義務，如商品或服務在流通進入市場之後，對消費者具有危險性，該項服務如果具有危險，即應立即停止或為必要處置。

綜上所述，「欠缺安全性」之歸責事由描述，可理解我國商品服務責任並非完全「無過失責任」、「結果責任」，有學者認為，企業經營者可藉由二種方式減緩危險結果之負擔：(一)證明自己無過失以減輕責任；(二)證明自己提供之服務符合「當時專業水準之抗辯」或證明該危險為「發展上之危險」，以此免責，因此該歸責僅可說是一種「輕度的無過失責任」[37]（見章後案例三、案例四）。

---

[35] 陳忠五 (2003)，〈二○○三年消費者保護法商品與服務責任修正評論－消費者保護的「進步」或「退步」？〉，《台灣本土法學雜誌》，50期，頁33-34。

[36] 黃立，餐廳的商品與服務責任問題－群台北地方法院八十八年度訴字第二○三九號及同院八十八年度訴字第五四一號民事判決，月旦法學雜誌，第83期，頁236(2002年4月)。

[37] 參 閱 https://jianlyu.lawyer/2018/01/06/%E6%B0%91%E4%BA%8B%E9%81

第九章　企業經營者責任

《案例一》服務過失、產品責任與法律效果

連鎖品牌一名女店員因不買客人在打烊前下單，竟吐口水、徒手攪弄，還拍成影片 po 網，引發民眾撻伐。總公司公告三點聲明，透漏經過三方對談後已定案懲處方式，涉事兩名員工與雙方家長已親自向受害消費者、分店店主與總部致歉，並同意 7 位數賠償金。

總公司公告如下：

分店員工個人行為風波，品牌絕不容忍任何損害品牌形象和消費者信任行為，近幾日我們持續針對消費者賠償與涉事分店的兩名員工及管理責任人懲處流程，三方對談有了最終定案，具體做法如下：

1. 消費者慰問與關懷
2. 首先，感謝在此次事件中願意到場對談並給予充分支持與理解的消費者，針對此事件我們也致上萬分歉意與補償慰問金。此外，我們將主動陪同受害消費者進行健康檢查並提供定期的關懷。
3. 員工懲處與賠償
4. 此次涉事的兩位員工與雙方家長已親自到場和受害消費

%8E%E5%A4%B1%E7%9A%84%E6%A8%99%E6%BA%96%E6%8A%B-D%E8%B1%A1%E8%BC%95%E9%81%8E%E5%A4%B1%E3%80%81%E5%85%B7%E9%AB%94%E8%BC%95%E9%81%8E%E5%A4%B1%E3%80%81%E9%87%8D%E5%A4%A7%E9%81%8E/（最後瀏覽日：2023/04/21）

者、分店業主及總部致上深刻的悔意與歉意,並接受七位數的賠償金與懲處,也感謝此次實踐的消費者願意給予改過自新的機會。
5. 事件擴散的第一時刻,涉事員工已即刻關閉帳號,並且未在社群上有任何發言,在此期間出現的所有偽冒帳號與言論皆非真實,在此也呼籲大眾理性發言,停止惡意攻擊。

總部並宣佈,分店於事發當時即刻被解除加盟關係並永久停業,未來將加強對食品安全和門市管理的力度,並在下半年進行一系列服務與管理的優化措施,同步提升製作流程和設備,確保產品的安全性和品質。

《案例二》大賣場責任與法律效果

某位工程技師到大賣場購物,因收銀台前地面有一灘清潔劑而滑倒受傷,送醫診斷為頸胸椎脊髓病變進行手術,技師控訴此事故還造成他雙下肢麻木僵硬無力,訴請大賣場和3名職員連帶賠償1231萬元,但法院查出他有頸胸椎相關舊疾,且無法證明頸胸椎脊髓病變和此意外事故有因果關係,但是認定大賣場未保持賣場走道整潔乾燥,仍有過失,依據消保法判大賣場需賠償10萬元;不過歷經多年上訴到最高法院再發回更審後,法官認為大賣場無過失,但是依據消保法第7條仍應負賠償責任,且技師所受傷害與此次事故有因果關係,判命大賣場需再賠償190萬元。

討論重點:

一、是否以賣場有過失為要?

該賣場抗辯地面濕滑係因外籍顧客打翻清潔劑所致,賣場所提供之服務已符合可合理期待之安全性,就此事故無過失;但是消保法第7條第1項、第3項本文規定,如企業經營者提供之服務不具可合理期待之安全性,即應依上開規定負賠償責任,縱令期無過失亦同。賣場為提供商品販售服務之企業經營者,對於消費者購買商品之賣場空間及附屬設施,本應確保其安全性,如有違反,當有消保法第7條規定之適用,且不以其受僱人或使用人有故意或過失而該當侵權行為構成要件為限。

二、消費者所受傷害與事故有無相當因果關係？

此部分需藉由醫院的診斷證明、鑑定報告或鑑定證人判斷有無相當因果關係。

三、消費者得請求之損害賠償金額為何？

依消保法第1條第2項規定，適用民法第193條第1項、第195條第1項規定損害賠償範圍包括因事故喪失或減少勞動能力、增加生活上之需要、精神慰撫金。

例如：醫療費用、醫療用品費、合理必要之車資、看護費用、勞動能力減損（透過醫院請當事人到醫院就診，以當事人本來的工作性質衡量傷勢與日後影響，評估出勞動能力減損的「比例」計算）、精神慰撫金（法院核給標準與財產上損害之計算不同，但是仍會斟酌雙方身分資力與加害程度、被害人之學歷、資產和所受精神上之痛苦等一切情狀後定之）。

結論：

賣場雖主張消費者行走時未注意地面有不明液體而未避開，且於事發後自行接受按摩，另又多次發生跌倒事故，就系爭事故之發生或擴大與有過失；但是法院認為賣場走道本應保持整潔乾燥，要難期待消費者行走時有隨時注意地面有無不明液體之義務，況本件滴落地面之清潔劑乃其他消費者滴落，面積並不明顯，消費者無從注意該液體，自難認其有何違反注意義務而有過失可言。

《案例三》台灣高等法院○○上易字第○○○號－含毒肉鬆致死案

一、事由

○○上訴人之母親○○○於○○年○○月○○日購買被上訴人製造之「豬肉酥」，於同年十二月十日開罐食用，當晚七時許出現昏迷、嘔吐等症狀。系爭肉鬆所含陶斯松農藥之量（0.24PPM）雖屬微量，不足以造成死亡結果，死者年老體弱、患有高血壓及糖尿病，食用系爭肉鬆後即發生縮瞳、神智模糊、嘔吐、呼吸困難、四肢無力不能言語、腹痛、血壓上升等併發症，最後因心臟衰竭死亡，與行政院衛生署榮民總醫院臨床毒藥物防治諮詢中心推廣教材「常見毒藥物中毒急診手冊」所載：「大量迅速吸收有機磷酸極易由腸道及皮膚吸收」等情相符，000食用系爭肉鬆後所呈現引發之症狀大致相符。

二、上訴人

死者係因服用含有陶斯松之肉鬆所致，長期食用肉鬆後嘔吐引發高血糖、血壓下降、肺水腫等症狀，與陶斯中毒之症狀相符，最終於○○年○月○○日因心臟衰竭去世，故被上訴人應負消費者保護法第七條商品製造人責任及民法第一百八十四條之損害賠償責任等情，此為被上訴人所否認。

上訴人主張：其因罹患糖尿病，代謝較差，故服用少量陶斯松後很難自體內排出，因而引發腹瀉、嘔吐，並進而引

發血壓上升導致死亡,因○○醫院並無糖尿病患對有機磷農藥代謝之資料,故○○醫院之鑑定不可採等情。

三、被上訴人

被上訴人則以:伊於製造系爭肉鬆之原料及製程中均未使用陶斯松農藥,系爭肉鬆驗出含有陶斯松,應係受環境污染所致。○○醫院之鑑定意見已認定上訴人之病症與陶斯松中毒無關連,故其所受損害與食用系爭肉鬆並無因果關係,伊自不負賠償之責等語,資為抗辯。

伊產製之肉鬆與標未的內容物相同,同一批次之肉鬆經檢驗均不含陶斯松農藥,且伊亦將死者家屬爭執之白豆粉送驗,亦未檢出陶斯松之成份,故開封後之系爭肉鬆檢驗含有陶斯松農藥應係受環境污染所致,與伊無涉云云置辯,並提出○○縣衛生局函為憑。惟查系爭肉鬆於開封後確經檢驗測出含有陶斯松 0.24PPM,已如上述,則被上訴人就其主張:應係受環境污染所致云云,自應由其就此積極事實負舉證責任,惟被上訴人並未舉證以明,故被上訴人所辯,殊不足採,仍應認定被上訴人產製之系爭肉鬆內含有陶斯松 0.24PPM 之事實。

四、爭點

死者由於三餐食用某品牌肉鬆,其死因系爭可否歸之於長期食用肉鬆含陶斯鬆農藥(0.24PPM)所致。、

五、法院判決

我國學者朱柏松先生認為：我國消費者保護法及施行細則中均未規定，不過一旦科技水準在現行法令體系已有明文加以揭載，依法令應對所規範之事實生強制作用之原則；但是，如果科技水準僅係由民間，例如工業同業公會或品質保證協會所加以確立者，應不必然使之發生法規範上之作用（朱柏松先生著上揭書第一○○至一○二頁參照）。

「死者在送醫急診時，是套著氧氣罩」，可見李○○於平常有過病危情形，否則其家人何以備妥醫療設備？又兩造於原審時已同意將系爭案件送請○○醫院鑑定，則○○醫院之鑑定結論認為本件中毒與陶斯松無關，即足採信·依榮總毒物諮詢中心之函覆，亦可知本件與陶斯松中毒無關。

查被上訴人產製之系爭肉鬆內雖含有陶斯松 0.24PPM，惟含量符合商品流通市場時我國行政院生食品衛生處所為最大許可濃度之規範，詳如上述，尚難認被上訴人產製系爭肉鬆像不法行為。此外，上訴人復未舉出任何積極證據證明被上訴人有任何故意或過失之情；肉鬆內雖含有陶斯松，惟含量符合流通市場時之我國行政院衛生署公告最大許可濃度之規範，是系爭肉鬆顯然不具有衛生上之危險。從而上訴人基於消費者保護法第七條規定，主張被上訴人應負商品製造人責任。

《案例四》有寫警語！父「面朝下」溺斃關子嶺裸湯 兒求償 330 萬吞敗

　　知名溫會館傳出溺斃事故，一名○姓男子帶著 70 多歲父親前往泡湯，兩人分別進入不同湯池，泡完後卻等不到父親出來，播打電話也沒人接聽，直到○男進入浴池搜尋，卻看見父親臉部朝下、浮在裸湯大眾池內，緊急送醫後仍不治。○男怒告該間溫泉會館與衛生檢查員，因為發現父親情況導致錯過黃金治療期間，要求賠償醫療、喪葬與精神撫慰金 330 萬元。案經地院審理，因溫泉入口處設有警語「患有心臟病、肺病等者應依照醫師指示入浴」，依法無過失、不必賠償；可上訴。

　　據判決書指出，該溫泉會館皆有安排衛生檢查人員，每隔 30 分鐘會巡檢溫泉浴場，當時○男與父親進入不同浴池，而一名檢查員也經過巡視，在○父泡湯期間，巡視至少 5 次，但都未發現○父溺水，○男控訴因檢查員疏失導致錯過了黃金救人時間，而該間溫泉會館也須連帶賠償醫療、喪葬費及子女慰撫金約 330 萬元。

　　而溫泉會館與檢查員則表示，溫泉法與相關規定並未要求浴場需設救生員、派員定期巡檢，而檢查員也非救生員，工作內容僅負責衛生清潔巡檢。當時○父在大眾裸湯池內，檢查員雖至少巡檢 5 次，雖然有客人詢問會主動幫忙，但為

了不讓客人不適,不會下水巡查;而當時裸湯池內還有其他遊客,同樣無人發現○父窒息溺水,更何況是巡檢衛生的檢查員。

另外,溫泉池入口設有「入池流程須知」告示板、求救鈴,明示提醒患有心血管等相關疾患之消費者應依照醫師指示入浴、避免單獨入浴等,已善盡告知的義務;而○父因本身患有末期腎病變,主動脈血管瘤並有支架置放,台南地院審理時認為,該間溫泉會館已依法設置相關警語,又派員定時作衛生巡查工作,已符合法規,也無過失,判業者和檢查員工免賠。可上訴。

第三篇　旅宿業服務爭議案例實務

第十章
無過失責任與法律效果

第一節　無過失責任

　　政府於八十三年一月通過消保法,開創了我國保護消費者的新紀元;不過,由於該法通過時過於倉促,都是在所謂的「黨政協商」的原則下通過,並無任何立法理由可循,因此,亦導致許多的爭議。

　　由於服務業包羅萬象,而消保法僅規定企業經營者應確保其提供之商品或服務無安全或衛生上的危險,幾乎涵蓋社會上各種樣態的服務業,例如醫療服務、健身、美容美髮等,都可能紛紛納入消保法領域範圍,而若是與消費者安全衛生有關的,就可能與商品製造人一般,負起無過失責任[38]。因此,消保法最引發爭議的一個問題,就是是否有形

[38] 陳聰富,消保法有關服務責任之規定在實務上之適用與評析,國立臺灣大學

商品與無形之服務都一併適用無過失責任的問題,也就是消保法是否對服務業課以無過失責任消保法所規範的免責規定是否適當等問題[39]。

旅宿環境欠缺安全性而使消費者之生命、身體健康或財產因此受到損害,只要消費者能證明其所受之損害與未具安全性之服務間有因果關係,服務提供人即須負損害賠償責任。由此觀之,旅宿業者有無違反提供安全住宿環境之行為義務判斷其所提供之服務是否有安全性之欠缺。服務無過失責任就服務欠缺安全性之認定,有其客觀歸責事由之規範,即業者從事營業而有承擔防範危險的義務,基於侵權行為法旨在防範危險原則,發生所謂「交易安全義務」,而有從事一定作為的義務,若旅宿業者違反之,可能因不作為而成立侵權行為[40]。

此外,王澤鑑教授認為,關於消保法第 7 條企業經營者無過失責任的舉證責任,應依一般原則及消保法規定定之,即被害人應舉證證明:①商品屬消保法施行細則第 4 條所定之範圍;②設計、製造、生產商品的企業經營者;③商品流

法學論叢,30 卷 1 期,2001 年 1 月,第 85 頁。
[39] 7. 郭麗珍,商品之通常使用、可期待之合理使用及被害人與有過失之判斷,月旦法學雜誌,53 期,2016 年 9 月,第 31 頁。
[40] 我國學說上認為,所謂「交易安全義務」而有從事一定作為的義務,其主要情形之一,為因從事一定營業或職業而承擔防範危險的義務,如百貨公司應採必要措施維護安全門不被阻塞。楊佳元 (2005),〈侵權行為過失責任之體系與一般要件〉,《臺北大學法學論叢》,56 期,頁 220-221。

通進入市場；④其係該條所稱消費者或第三人；⑤權益侵害與商品欠缺安全性有因果關係。反之，企業經營者則就商品期待的安全具有符合當時科技水準可合理性負舉證責任[41]。

這些判斷因素雖然並非絕對的因素，但是卻對於法院在處理專業人士就其服務是否應負無過失責任時，可以幫助法院考慮立法目的、社會利益與原被告利益等不同的因素，作參考的決定。

進一步言之，消保法第八條的意義內涵是，在從事經銷的企業經營者銷售商品或提供服務時，如果因為該商品或服務所造成的損害，消費者需要向設計生產製造商或提高供服務的企業經營者請求賠償時，這些企業經管者連帶負擔賠償責任。所以，如果消費者因為經銷商所銷售的商品或提供的服務而遭受損失，並且這些商品或服務的損害是由設計生產製造商或服務提供者造成的，消費者可以向任何一方請求賠償，而這些企業經營者也必須承擔連帶賠償責任；這項條文的好處在於，它可以減少消費者追究賠償責任的難度和成本，增強消費者的保護力度，也可以迫使企業更加謹慎地選擇供應商和調整產品或服務設計，從而減少商品或服務所產生的損害，須要注意的是消費者在向企業經營者請求賠償時，應當提供充分的證據證明其所遭受的損害與商品或服務有關[42]。

---

[41] 王澤鑑，「侵權行為法」，自版，2010年，第709頁。
[42] 曾品傑，臺灣商品負責法之發展-以消費者保護法上之商品責任為中心，成

第二節　法律效果

由於消保法施行細則僅對商品加以定義,但並未對「服務」作任何定義,也未做任何除外規定,所以只要是以提供服務為營業者,亦為受到消保法所規範的企業經營者。所以,經營者往往疏於注意法律上的規定,帶來了法律上的結果,這就是最簡易的法律效果之意義。因此,不但與商品有關的服務業(如運輸業、流通業量販業、百貨業、零售業、進口業等),要負無過失責任,其他與商品無關的服務業(如金融保險、律師、會計師、旅宿業等),只要與消費者安全衛生有關,理論上都可能要依據消保法對其所提供服務之瑕疵負起責任,這是廣義的法律效果。如果與消費者之損害與商品或服務之危險有相當之因果關係,企業經營者就必須根據第七條之規定,對消費者負起無過失責任,並賠償消費者之損失;此外,若消費者又能證明企業經營者有故意或過失,消費者不但可以請求賠償所受的損害,還可以另外再請求五倍(故意)、三倍(重大過失)或是一倍(過失)以下的懲罰性損害賠償[43](見章後案例一)。

消保法所謂的消費,並非純粹經濟學理論上的一種概念,而是事實生活上之一種消費行為。其意義包含以下二

大法學,23期,第27頁,2012年06月。
[43] 許政賢,「消費者死亡案例類型之懲罰性賠償金——最高法院108年度台上字第1750號民事判決」,裁判時報,104期,第25-32頁,2021年2月。

項：(一)為達成生活目的之行為,凡像基於求生存、便利或舒適之生活目的,在食衣住行育樂方面所為滿足人類慾望之行為;(二)像直接使用商品或接受服務之行為,雖無固定模式,惟消費和生產是兩個相對的名詞,不再用於生產之情形下所為之最終消費[44]。行政院消費者保護委員會84年4月6日台84消保法字第○○351號函亦指出消保法所稱之消費,係指不再用於生產情形下之「最終消費」而言。綜上所述,若消費之目的在於繼續投入生產時,就不是消保法適用範圍之消費,但在實務上亦有不同的見解。

此外,最高法院93年台上字第2021號民事判決:「消保法中關於商品概念及範圍,及於半成品、原料、或零組件,而半成品、原料、零組件係製造者為生產之需要所為之消費,當該半成品、原料、零組件具有危險性,致生損害於生產線上之製造者或生產者時,該購買或使用半成品、原料、零組件之消費者,仍得依消保法向製造、經銷半成品、原料、零組件之企業經營者請求賠償,是以消保法之消費,並未排除以生產為目的之商品消費,尚不能因所謂消費來為定義,僅依文字用語為限縮解釋,而認係最終產品之消費而已。」

所以,就企業經管者提供之服務所造成消費者之損害,

---

[44] 曾品傑,「論消費者保護法上之服務責任最高法院相關判決評釋」,財產法暨經濟法,12期,第53-113頁,2007年12月。

歐陸及英美之立法或裁判，大都以該企業經營者有故意或過失，為其應負賠償責任之要件，但台灣消保法卻於第 7 條規定無過失之服務責任。

　　從消保法之規定而言，企業經營者原則上要對其所設計、生產、製造之商品或所提供之服務負無過失責任；但並不是所有的企業經營者都必須絕對負無過失責任，消保法仍有例外的規定。例如消保法在施行細則第五條中，就本法第七條之「安全或衛生上之危險」加以明確定義，規定「商品於其流通進入市場，或服務於其提供時，未具通常可合理期待之安全性者，為本法第七條第一項所稱安全或衛生上之危險，但商品或服務已符合當時科技或專業水準者，不在此限。」因此，從文義解釋而言，似乎不論是商品或服務，企業經營者都可以主張施行細則第五條所提供的抗辯減輕其責任。

　　將消保法應用至實際旅宿業的法律效果，旅客住宿期間所面臨的安全風險，如火災、盜竊、天氣災害等，就服務安全性方面而言，業者應該注意其後續的法律效果，至少包括下列五項[45]：

1. 消防安全：旅宿業的建築物必須符合消防規範，配備消防器材和緊急疏散路線，並且要定期檢查消防器材的運作狀況，確保旅客的生命財產安全。

---

[45]　https://www.businessweekly.com.tw/focus/indep/1002763

2. 安全防盜：旅宿業要加強安全防盜措施，如安裝閉路電視監控系統、進出門禁系統等，尤其是對於旅客的財物要進行有效的保管和保障。
3. 食品安全：旅宿業提供的食品必須符合衛生標準，並且要對食品進行嚴格的控制和管理，避免出現食品安全問題。
4. 環境安全：旅宿業要注意環境安全，確保旅客的生活環境乾淨、整潔、舒通減少對旅客健康的不良影響。
5. 服務品質安全：旅宿業提供的服務必須符合相關法律法規和標準，如提供安全健康的床品、毛巾等，並且要定期進行消毒和更換，避免傳染病毒。

上述五項是有關住宿旅客的權益，旅宿業者必須善加注意，以免嚴重產生法律後果需加以理賠（見章後案例二）。

《案例一》游泳後死亡飯店該負責？

甲工程師 4 年前去 A 飯店的游泳池游泳，但突發生心肌梗塞的前兆症狀，家屬控訴甲男向櫃檯反應不適後，櫃檯只是自行判斷，也不幫叫救護車，害甲男最後昏倒，送醫後不治，向該飯店、職員及產險公司等求償共 2566 萬餘元，地院判決，甲男父母敗訴，可上訴。

甲男父母主張，甲男到 A 酒店 3 樓游泳池游泳，期間突感胸悶、呼吸不到空氣等心肌梗塞前兆症狀而上岸，以手機向櫃檯求助，並提出叫救護車的要求。因消防局距酒店僅 350 公尺，若即時撥打 119，甲男即可在 5 分鐘內送醫救治。

泳池畔的救生員見甲男上岸，在躺椅上呈痛苦低頭狀，卻未依相關規定關心甲男狀況並給予協助，反而繼續教課。

櫃檯人員雖到場查看，也沒做簡易外傷器材如血壓計、血氧機等檢測，反而消極處理，與甲男對談、周旋，自行判斷甲男是營養不足，僅提供運動飲料、巧克力，要甲男自行走到二樓沙發區休息，放甲男一人，直到甲男再次求助，櫃檯才要求甲男先到更衣室吹頭髮、換衣服，再搭計程車去醫院，遲誤甲男送醫時間。

甲男起身要去搭計程車之際昏倒在地，此時酒店才打 119 叫救護車，但甲男送醫後宣告不治。因此甲男父母向該

飯店集團董事長、櫃檯、設備管理員、救生員等人或酒店投保的產險公司求償 1065 萬餘元；另該公司應給付甲父、母各 750 萬元。

地院認為，此案證據不足以證明職員有惡意拖延、延誤就醫的情事，儘管酒店在游泳池管理上的確有缺失，但此缺失與甲男的死亡並無因果關係。對於甲男父母主張的其他缺失，法院也不採信，最終，駁回甲男父母的所有訴求，但全案仍可上訴。

《案例二》台灣高等法院○○年度上易字第○○號－通勤學生摔車案

一、事由

被上訴人於○○年○月○○日，自○○車站火車搭乘，因車身搖晃且車門未關，致行車間將被上訴人拋出車外，鐵路局負有關閉車門並保特行車中車門關閉之義務，竟過失未為之，造成被上訴訴人摔落車外，受有頭部外傷合併嚴重腦挫傷、開放性顱骨骨折、左側額骨骨折、臉部、頭部撕裂傷及暫時失語症等傷害。

二、上訴人（鐵路局）

被上訴人發生墜車事故，並非肇因於車門無法關閉之緊急危險所致，無消費者保護法之適用被上訴人發生墜車事故，係因伊於車未停妥前，即離開車廂站在車門口，且自行打開車門所致，此由證人○○○筆錄證言可知，被上訴人係自行走到車門邊，被上訴人原審庭訊時自承；「我旁邊沒有人」，且依證人○○○於本院證言可知，系爭車輛於○○站出站前車門確有關好，可知上訴人並無管理上之瑕疵，況上訴人業於車門附近設立警告標示·依因果關係理論可知，若被上訴人無前開行為，則必不會發生墜車之事故，足見本件事做純屬被上訴人個人行為所致與上訴人並無關聯，並無消保法之適用。

三、被告上訴人（高中生）

被上訴人主張上訴人用以載客系爭列車之車廂屬老舊之手動拉門車廂，並非自動門，不具備符合現今科技或專業水準可合理期待之安全性，且遇有行車時車門未關閉之緊急狀況，未於明顯處標示警告標示及緊急處理危險之方法等語，其搭乘列車在進入○○車站前因車廂車門未關閉，系爭列車進站前震動造成伊摔落車外受傷。

四、爭點

1. 被上訴人主張於○○年○月○○日，自○○車站上車搭乘上訴人鐵路局南下平快列車至○○車站，該火車於○○車站進站前，被上訴人自車門摔落車外，造成被上訴人頭部外傷合併嚴重腦挫傷、開放性顱骨骨折、左側額骨骨折、臉部、頭部撕裂傷及暫時失語症狀等傷害之事實。
2. 上訴人主張本案不適用消保法。
3. 若過失傷害或立，則過失傷害之比例分配應如何判定？

   五、法院判刑
1. 是企業經管者縱使主張其無過失可言，亦無法免責。惟企業經管者得依據消保法第 7 條之 1 規定，主張其提供之服務合於通常可合理期待之安全性或提供服務時符合科技專業水準，藉以免除其損害賠償責任，此為無過失

責任之限制，是本院自應審究上訴人所提供之運送服務，是否符合當時科技或專業水準可合理期待之安全性者，如是，始能免除其損害賠償責任。查，本件上訴人係以提供運送服務為營業者，被上訴人則係以消費為目的而接受上訴人所提供之運送服務，被上訴人就上訴人所提供之運送服務所生之爭議，自為消費者保護法所規範之對象，上訴人抗辯本件無消保法之適用，洵無可採。

2. 中學生，並定期搭乘火車通勤上學，按理應知列車於進站前因煞車等因素，常有晃動之情形，且上訴人於系爭列車各節車廂近通道處，均張貼警告標示勸導乘客於列車未停止勿站立車門，乃被上訴人疏未遵守，於系爭列車尚未完全停止前站立車門，因而生墜車意外，應認被上訴人就本件事故之發生與有過失。上訴人雖主張系爭車門係被上訴人急於下車所開啟，此為被上新訴人所否認，上訴人復未舉證證明開啟車門者係被上訴人（其於本院請求訊問之證人涂高夫、賴朝曦、江龍萬均不能證明開啟車門者係被上訴人），其主張自非可採。本院斟酌事故發生情節及被上訴人之過失情形，認被上訴人應負擔40%之過失責任，則其前開所得請求之部分，經酌減40%後為971,118元（計算方式為：[290,995+927,535+400,000]x60%=971,118）。

第十一章
服務爭議案例

　　本章有七個案例,案例一颱風天鐵板砸車案、案例二婚宴海鮮中毒案、案例三房客使用跑步機休克死亡案、案例四行走鋁製斜板案、案例五住客摔倒游泳池案、案例六未入住詆毀民宿案、案例七總統套房跌倒案。

《案例一》颱風天鐵板砸車案

研析台灣高等法院○○分院○○○年度上易字○○○號民事判決

一、本案事實

原告於 104 年 9 月 28 日入住臺中○○商旅五權館，原告將新購入之瑪莎拉蒂汽車停放於停車場內，適逢杜鵑颱風過境，該館設置於地面覆蓋水表之鐵片遭強風吹起而砸擊原告停放之轎車，致使該車輛因而受損。

(一) 原告主張

被告○○商旅公司明知颱風過境期間，應注意館區地上物之設置、管理是否得當，俾能確保住宿消費者之生命、身體、財產安全，卻未注意，致○○商旅五權館內設置於地面、覆蓋水表之大型鐵片，在強風吹襲下，砸擊原告停放於該館區停車場內之新購瑪莎拉蒂系爭車輛。

原告所有系爭車輛因被告公司之重大過失致嚴重毀損，原告得依民法第 184 條第 1 項、第 2 項前段、第 606 條、及消費者保護法第 7 條第 1 項、第 3 項、第 51 條規定，請求被告連帶賠償。

原告所有之系爭車輛遭系爭鐵片砸擊受損間，尚相隔約一個小時，而系爭鐵片所在位置距櫃台甚近，然該將近一個

小時期間，被告公司均無人出面處理該處於危險狀態之系爭鐵片，致系爭車輛因此受損，實難認被告提供之服務，符合當時科技或專業水準可合理期待之安全性。

原告因系爭車輛毀損支出修復費用新台幣40萬5,123元，且原告居住於臺中市區，在卓蘭之牙醫診所擔任牙醫工作，車輛修復期間均須仰賴計程車十分不便，依消費者保護法第51條規定另請求被告一倍懲罰性賠償金。

(二)被告抗辯

原告未證明被告就城市商旅五權館館區內地上物之設置管理有疏失，亦未舉證證明系爭車輛之損壞，係肇因於城市商旅五權館內之系爭鐵片所致，原告所有系爭車輛損害當日適杜鵑颱風來襲，臺中地區當日瞬間最大風速達30.3公尺/秒，各地路樹傾倒、招牌掀起吹落四處頻傳，系爭車輛亦有可能係遭鄰人未收妥之物品、路樹等因風吹起而砸毀，被告不負侵權行為賠償責任。因系爭車輛損壞係肇因於杜鵑颱風之侵襲，戶外不明物體或樹木因不堪強風吹襲而砸毀，屬於不可抗力因素所致損害，依民法第606條後段規定，被告不負損害賠償責任。

作為旅館業者，對投宿者收取之費用與提供之服務僅包含住宿及館內設施之使用等，並不包含住宿客人之停車，無論住宿者是否駕車前往，均不影響被告所收取之房價，因此，兩造就停車部分至多僅成無償之使用借貸或寄託契約，兩造因原告有住宿暨停車之需求，所成立者應為訂房定型化

契約暨使用借貸或寄託契約之混和契約。故就因杜鵑颱風所致系爭車輛之毀損,並無消費者保護法之適用,原告僅能依債務不履行或侵權行為之規定為請求。

縱認被告提供之服務包含系爭車輛之停放,被告已於城市商旅五權館內所設置之系爭鐵片四周以螺絲鎖緊,符合當時科技或專業水準可合理期待之安全性,僅係當天適逢杜鵑颱風來襲,臺中地區當日瞬間最大風速達 30.3 公尺／秒,造成鐵片不堪強風吹襲,以致鐵片砸擊系爭車輛。且被告之員工一聽到停車場似有發出車輛警報器聲響,隨即前往查看,發現系爭車輛擋風玻璃因不明原因碎裂,立即聯絡原告,並以塑膠布遮蔽破碎處,被告所提供之服務已符合當時科技或專業水準可合理期待之安全性,自無消費者保護法之適用,原告依消費者保護法第 7 條第 1 項、第 51 條請求被告賠償損害及懲罰性賠償,自無道理。

原告之系爭車輛之所以停放於該位置,係因系爭車輛品牌為瑪莎拉蒂轎車,其底盤相較於一般車輛為低,而○○○○五權館內之停車場,停車時須駛上一具有弧度之機械車位,系爭車輛礙於底盤因素,無法停放於該機械車位,僅能停放於其他空位,並非被告員工明知尚有車位之前提下,仍要求原告停置於不適合停放車輛之位置。又系爭車輛價格將近 500 萬元,原告於停車時,知悉系爭車輛因底盤問題,無法停放於城市商旅五權館之停車場,倘原告認為停放於子母車旁之空位不恰當,

為何未曾向被告反應？原告以上開各詞，主張被告提供之服務未符合專業水準可合理期待安全性，尚非屬實。

本件當庭勘驗錄影光碟影像可知，系爭鐵片雖有飛起之情形，然無法由錄影光碟直接看出系爭車輛之毀損是肇因於系爭鐵片所致，更何況據原告所提照片，鐵片最後係落於系爭車輛之前方，其造成系爭車輛毀損之部位，亦僅限於車頭部分。然原告所提供之照片、維修單據等，竟顯示系爭車輛所受損之範圍遍布全車，此與監視器錄影光碟、照片所示，不甚相符，被告難以接受原告所請求之修復費用價格。

二、本案爭點

本案爭點有二，分述如下

1. 原告系爭車輛修復支出之費用，是否因在○○商旅五權館遭系爭鐵片砸擊所致損害？
2. 依侵權行為、消費者保護法等法律關係，原告請求連帶賠償及連帶懲罰性賠償有無理由？

三、法院判法

（一）原告主張至五權館住宿，住宿期間將其所有自小客車停放於五權館之停車場，適逢杜鵑颱風過境，五權館設置於地面、覆蓋水表之鐵片遭強風吹起砸中，該車因而受損等各節，均為被告所不爭執，且有監視器錄影光碟翻拍畫面車輛受損照片清晰可見。

由監視器中得知鐵片未固定於地面，隨時有危害生命、身體及財產安全之可能，而小客車遭鐵片砸中後，五權館人員均能前往車輛停放處查看並處理、移車，並無因杜鵑颱風風雨過大致無法處理之情事，然五權館之人員在長達近 1 小時之期間內，竟均無人處理鐵片未固定於地面之問題，任令該鐵片被風吹襲而上下掀動，終致脫離原位置而砸中原告之自小客車，五權館提供之服務，顯不符合當時專業水準可合理期待之安全性。被告主張：本件自小客車因杜鵑颱來襲受損，係不可抗力所致，實非可採。

（二）五權館之企業經營者，其所提供之服務，不符合當時專業水準可合理期待之安全性，因而致被原告所有之自小客車受有損害，被告復未舉證證明其無過失，依消保法第 7 條第 3 項規定，請求被告負連帶賠償責任，於法自屬有據。查，為修復該車支出修復費用 40 萬 5,123 元，有統一發票暨估價單可憑，連帶賠償修復費用 40 萬 5,123 元，應予准許。次查，該車在五權館遭鐵片砸擊之過程，被告就其所提供之停車服務，有未及時發現鐵片鬆脫並即時處理之過失，衡酌該鐵片係因颱風過境，遭強風吹起導致砸中，依消保法第 51 條規定，請求被告連帶給付之懲罰性賠償金 10 萬元。

四、判決評析

本件被告台中○○商旅公司五權館經營者，對被告提供

之服務，顯不符合當時科技或專業水準可合理期待之安全性，因而致原告所有之系爭車輛受有損害，本案於台中地方法院與台灣商事法院台中分院所判決之理由幾乎相同，可見服務瑕疵的規定不能以颱風為天然災害一詞而推脫，在颱風前仍應為一定之防範作為判定證據。

消保法第 7 條第 1 項、第 7 條之 1 第 1 項分別訂有明文規定：企業經營者主張其商品於流通進入市場，或其服務於提供時，符合當時科技或專業水準可合理期待之安全性者，就其主張之事實負舉證責任，提供服務之企業經營者，於提供商品流通進入市場，或提供服務時，應確保該商品或服務，符合當時科技或專業水準可合理期待之安全性。

企業經營者違反消保法第 7 條第 1、2 項規定，致生損害於消費者或第三人時，應負連帶賠償責任。但企業經營者能證明其無過失者，法院得減輕其賠償責任。

原告系爭車輛因在〇〇商旅五權館遭系爭鐵片砸擊受損，車輛支出修復費用 40 萬 5,123 元，有統一發票暨估價單可估證；具有瑕疵停車服務，有未及時發現系爭鐵片鬆脫並即時處理之過失，系爭鐵片係因颱風過境遭強風吹起致砸擊系爭車輛，天災亦屬系爭車輛受損之重要原因，依消保法第 51 條規定，連帶給付之懲罰性賠償金以 10 萬元判定應不失法理精神。

《案例二》婚宴海鮮中毒案

研析台灣○○地方法院○○○年度消字第○○○號民事判決

一、本案事實

新竹關西六福村生態度假旅館，提供消費者住宿、膳食及宴會等服務，原告張○○因與黃○○小姐結婚，經與被告公司業務人員接洽後，由原告張○○與被告代表即證人吳○○簽訂「婚宴場地定型化契約書(文定/成婚)」(下稱系爭契約)，約定由被告負責承辦婚宴。

婚宴席開 18 桌，原告張○○及配偶黃○○之眾多親朋好友均蒞臨婚宴祝賀新人，包含原告等 17 位賓客(下簡稱原告鄭○○等 17 人)，而原告張○○於系爭婚宴結束後共支付婚宴價金新台幣(下同)28 萬 5,130 元。嗣原告張○○由同事告知當日參與系爭婚宴之數十位賓客於晚間起陸續發生上吐下瀉、發燒、急性腸胃炎等情形，原告張○○察覺事情有異，遂與配偶黃○○一同向當日與會賓客逐一確認，竟發覺包含原告鄭○○等 17 人在內，共有 40 名賓客於參與系爭婚宴後發生上吐下瀉、發燒、急性腸胃炎等食品中毒之典型症狀。

原告張○○、配偶黃○○自事發後身心飽受煎熬，因被告疏於管控食品之衛生安全及品質，致 40 名賓客食用餐點後

發生大規模食品中毒之情形，使原告張○○及配偶黃○○須於系爭婚宴後強顏歡笑向受害賓客致歉，留下無法彌補之精神痛苦。原告張○○於系爭婚宴後本欲尋求與被告協商之可能性，然被告竟一再消極推託，甚且質疑原告張○○代理賓客協商之正當性，實令原告張○○不明所以，何以原告等身為消費者，因被告大企業之重大過失所致生之損害，被告迄今仍不願賠償，故原告張○○及鄭○○等17人僅得尋求法律途徑，依法對被告提起本件訴訟。

（一）原告主張

原告張○○、配偶黃○○及雙方家長顏面盡失，實侵害原告張○○之名譽權等人格法益甚鉅，而系爭婚宴徒留原告張○○無法彌補之痛苦記憶，所受之精神上痛苦誠屬重大，原告張○○自得依據民法第227條之1準用第195條第1項之規定，請求被告賠償5萬元之精神慰撫金。

被告公司因疏於管控食品衛生安全等過失，致原告鄭○○等17人於食用被告提供之婚宴餐點後，出現大規模食品中毒之情形，損害原告○○方等17人之身體、健康權甚明，原告鄭婷方等17人自得依據民法第184條第1項前段、第195條及消保法第7條請求被告賠償損害共新台幣65萬元。

被告廚師張○○製作龍蝦等保存風險性極高之海鮮冷盤，竟未依照符合食品衛生安全之方式放置於冷藏設備中保存，反而置放於廚房備餐臺上，長達三小時暴露於高溫中，

致原告鄭婷方等 17 人食用後身體、健康權受有損害。而海鮮等食物長時間放置於室溫中易造成腐敗並滋生細菌等節,為一般人所周知之常識,被告身為知名飯店業者,所提供之餐點品質甚至低於一般常人存放海鮮食品之標準,衡情被告所為,不僅與善良管理人之注意義務相違,更已達重大過失之程度,根據消保法第 51 條規定,原告鄭○○等 17 人另得請求被告賠償三倍以下之懲罰性賠償金。

(二)被告抗辯

原告等罹患腸胃炎等情事假設為真,亦未必與被告所提供之食物有關,原告張○○於被告場地席開 18 桌,人數總計超過 180 人,卻僅有 10 分之 1 出現腸胃炎等症狀,本無法排除係因傳染性疾病所造成之類似症狀,依據經驗法則以及論理法則,當天所提供之食物原料均係統一採買與供應,如果存有食物之瑕疵,則應非僅有 18 人產生症狀;再就就醫之相關病歷,可知上開相關人等均無食物中毒之診斷,且沒有任何一間醫院向主管機關通報食物中毒事件,可知各醫院亦不認為客觀上有食物中毒情事存在。加以食物中毒需要經過食物檢驗才能證實,醫療紀錄所謂「食物中毒」僅為病患主觀之主述,無法作為證據。

當天,也沒有任何人向被告反映食材有怪味的情況,且被告公司負責系爭婚宴冷盤製作之廚師張文琳亦到庭證述正式製作冷盤於 11 點半,做好後接近 12 點半,做完沒多久即

放冷凍庫保存後出菜給予原告與賓客享用,且也經過證人張○○與主廚親自試吃,而證人張○○與主廚並未產生異狀,足見當日餐點並無問題,而當日餐飲冷菜部份不僅經過證人張文琳等試吃,餐飲部領班亦會檢查食材,且冷盤之食材進貨時,被告公司亦有驗收單位檢查食品安全。

原告稱「根據○○診所之診斷證明書記載:病名其他非特定非傳染性胃腸炎及結腸炎,疑似食物中毒,可證實系爭婚宴確有發生大規模食品中毒之情形」,僅屬該名原告對醫師之主訴與主觀意見,於未經鑑定之情形下,醫師亦無法確認確實病因為何,故原告鄭○○等 17 人主張賠償、消保法第 51 條之規定請求被告賠償損害額一倍之懲罰性賠償金,亦無理由。

二、本案爭點

本案之爭點有二,分述如下:

(一)原告張○○主張依據民法第 227 條之 1 準用給付不能及民法第 495 條第 1 項規定請求被告賠償損害 28 萬 5,130 元有無理由?及主張其名譽遭被告不法侵害,依據民法第 227 條之 1 準用第 195 條第 1 項規定,請求被告賠償 5 萬元之精神補償是否可採?

(二)原告主張原告鄭○○等 17 人之身體、健康權遭受被告不法侵害,原告鄭○○等 17 人得依民法第 184 條第 1 項、

第 195 條第 1 項及消保法第 7 條、51 條之規定請求被告賠償損害及精神撫慰金有無理由？

三、法院判法

原告既已證明其等 17 人在參與系爭婚宴後發生上吐下瀉、急性腸胃炎等症狀，且因發生上開症狀的人數非微，則原告上開主張其等係因被告提供系爭婚宴之食物中毒，致發生急性腸胃炎等症狀，尚非無據。

系爭婚宴之冷盤餐點既係於當日 10 時許即已製作完成，並在製作完成後未馬上置入冰箱內冷藏處理，而係擺放於無冷氣之備餐檯面，以當日婚宴時值夏日白天，正午高溫可達攝氏 35 度，該等環境顯不適宜存放海鮮冷盤食品，且有導致食品滋生細菌及腐敗之虞，則被告既未能舉證其提供系爭婚宴之食材保存、料理流程及環境衛生係符合食品衛生健康安全之規範，且依據系爭婚宴食材製作食品之科技知識水準，亦非無法發現有不符合食品衛生健康安全等情形，故原告主張被告未盡提供安全、衛生食品製作之義務。

因被告疏於管控食品之衛生安全及品質，致非微賓客食用餐點後發生食品中毒之情形，使原告張繼安不僅無法沉浸於結婚及眾人祝賀之喜悅中，反須於系爭婚宴後向受害賓客逐一致歉，除造成新人及雙方家長顏面盡失外，更徒留原告張繼安無法彌補之精神痛苦，加以原告張○○最高學歷為國

立○○大學電機工程碩士，目前在○○科技股份有限公司任職，年薪百萬，名下有房產，及多筆股票投資。

審酌原告張○○夫妻在系爭婚宴當日席開 18 桌，支付被告婚宴價金 28 萬 5，130 元，以每桌 10 位人數計算總人數為 180 人，卻有原告鄭○○等 17 人發生食品中毒，在婚宴後就醫治療情形，而因系爭婚宴當日連同水果及點心共計 13 道菜色，此有被告提出系爭婚宴菜單為憑，則原告張○○主張被告提供之冷盤食品有製作瑕疵情形，其得請求被告賠償之金額應以 2，071 元為適當【計算 (28 萬 5，130x17/180x1/13)=2，071 元以下捨五入】，審酌兩造之身份、地位、經濟能力、原告張○○所受損害情形及被告所為不履行債務等具體情狀，認原告張○○對被告主張非財產上損害賠償 5 萬元。

本件被告製作提供系爭婚宴之食品既有重大過失，未遵循食品衛生健康安全等標準及規範進行食材保存、料理流程，致使原告鄭婷方等 17 人食用後發生急性腸胃炎等食物中毒症狀，已如上述，則原告鄭婷方等 17 人請求被告賠償精神上損害額一倍之懲罰性賠償金。

四、判決評析

原告張○○主張被告就系爭婚宴契約所提供之食品有不完全給付之瑕疵，致當日參與系爭婚宴之原告鄭婷方等 17 人食用被告提供系爭婚宴餐點後發生食物中毒之症狀，至原告

主張除鄭○○等 17 人外，另有參與系爭婚宴 23 名賓客中計有 21 名賓客出具之聲明書表示在參與系爭婚宴後發生上吐下瀉、發燒、急性腸胃炎等食品中毒症狀，並提出訴外人黃○○等出具之聲明書為憑，惟為被告否認上開聲明書記載之真實性，原告就此復未能提出其他證據資料證明立書人確有在參與系爭婚宴後出現食物中毒之症狀，即難僅據立書人片面記載，採為有利於原告之認定。

又被告雖辯稱原告等 17 人罹患腸胃炎之起因繁多，甚有可能係因賓客感染諾羅病毒或其他種類病毒或細菌，而藉由飛沫傳染，未必與食物有關云云，惟觀之原告提出系爭婚宴之桌圖及與會賓客之座位對應圖，可知原告鄭○○等 17 名賓客座位位置係分散於系爭婚宴之各桌，並有地毯相隔二處，倘係單一賓客感染諾羅病毒，豈有可能於婚宴進行之兩、三小時內即具有如此廣泛接觸之傳染力？且原告鄭○○等 17 人來自臺灣各地，原多不相識，因參與原告張○○系爭婚宴後發生相似的症狀，顯難排除係因食用受到細菌污染的食物致引起急性腸胃炎。

宴客餐飲之冷盤餐點，於系爭婚宴當日上午 10 時左右即製作完成，且製作完成之成品即擺放於無冷藏設備之備餐臺桌面，而當日新竹關西地區之氣溫高達攝氏 35 度，該等環境顯非適宜存放海鮮冷盤食品之處所，更有導致食品腐敗之虞。且系爭婚宴於當日下午一點左右方開始上菜，足見該等

餐點於未經適當保存之情形下置放於高溫環境長達三小時以上，顯見被告於系爭婚宴龍蝦冷盤之製作及保存方式，確有嚴重違背食品衛生安全之情，顯未達消費者保護法（下稱：消保法）第 7 條所明定之「符合當時科技或專業水準可合理期待之安全性」。

臺灣士林地方法院 101 年審易字第 2327 號刑事判決及臺灣苗栗地方法院 97 年訴字第 65 號民事判決意旨及認定之事實可知，醫療院所診斷證明所記載之「非傳染性腸胃炎」及「急性腸胃炎」，於醫學上均有可能係食品中毒所引起，且此為經法院判決所確認及認定之事實。且觀臺灣苗栗地方法院 97 年訴字第 65 號民事判決援引之醫院函覆內容可知，食品中毒引發之腹瀉於餐後 24 至 48 小時內發生係屬常態，此亦可解釋為何原告鄭○○等多數賓客係於 108 年 7 月 15 日或 7 月 16 日就醫，而非於 108 年 7 月 13 日系爭婚宴當日就醫。且因系爭婚宴係舉辦於週六中午，而除大型醫院外，大部分醫療院所於週日均休診，故原告等賓客縱已開始發生嘔吐、腹瀉等食品中毒症狀，亦有可能因醫療院所週日休診而延遲至週一方就診（亦有部份賓客係於週一凌晨即至醫院掛急診），足見原告鄭○○等 17 名賓客之「非傳染性腸胃炎」、「急性腸胃炎」等症狀，確係因食品中毒所引起。

《案例三》房客使用跑步機休克死亡案 -

評析臺灣○○地方法院○○○年度消字第○○○號民事判決

一、本案事實

呂○○入住台中○○大飯店使用健身房跑步機時因心因性休克倒地，經約 1 小時才為被告乙發現送醫後不治死亡。

原告因被告公司未於健身房安排固定之管理或巡邏人員，雖裝設監視器，但未派人隨時監看螢幕，因被告公司之過失，導致呂○○發病倒地後長達一個多小時無人聞問，若即時施以心肺復甦術 (下均稱 CPR) 並以自動體外心臟電擊去顫器 (下稱 AED) 急救並送醫，應可避免死亡之結果。執行業務均有過失，應分別與被告公司負連帶賠償責任。

(一) 原告主張

訴外人呂○○變為原告甲之妻，與原告甲育有丁、戊、丙三名未成年子女，呂○○於 110 年入住被告○○大飯店，使用該飯店健身中心之跑步機，於 21 時 59 分滑落昏厥，直至 22 時 55 分許，始由被告公司發現送醫，經相驗發現係因高血壓病史導致心因性休克而死亡，因此原告主張，被告公司違反旅館業管理規則第 25 條，而有過失。

再者，被告公司身為企業經營者，將健身房設置在視覺

無法穿透之密閉空間,又未安排人員固定管理、巡邏,或以監視器隨時監看螢幕影像、注意旅客安全,所提供之服務不符合當前旅館業專業水準可合理期待之安全性,違反消保法第 7 條之規定;消保法施行細則第 5 條規定是消費者依本消保法條規定請求企業經營者負損害賠償責任,無庸證明服務不符合當時科技或專業水準可合理期待之安全性,企業經營者始需依此規定負賠償責任。

(二)被告主張

呂○○就於使用跑步機約半小時後倒地,顯然其運動強度已非其身體狀況所能負荷,因○○大飯店僅係旅館業,並非醫療院所,其無能力就個案逐一檢查、判斷旅客的身體狀況,究竟能否使用健身房,故公告嚴禁所有「高血壓者」進入使用,應已盡到風險提醒和控管義務。

其次,從事運動者遠比被告公司、負責人和○○大飯店職員更清楚自身健康狀況,而有資訊上之優勢,其明知自身患有高血壓,在規律就診跟服用藥物治療中,於從事運動時,較易產生心臟停止之風險,並在明知上開健身房警語及健身房軟、硬體設置狀況後(呂○○自 95 年起即開始入住○○大飯店,至本件事發時已入住高達 174 次、住房時間達 359 日),仍未主動告知病史、提醒被告公司職員特別觀察注意其運動狀況,而逕行進入上開健身房使用跑步機長達半小時,導致昏迷而致不幸死亡,實非經營者所能顧及之身體安全。

而侵權行為以行為人（法人和自然人）有故意或過失為構成要件，原告自應具體指明被告公司有何「應注意、能注意、而不注意」之過失要件，並陳明該注意義務係從何而生（諸如法規、契約等等）。原告雖主張被告有巡場和監控監視器的義務，然卻未能指出被告係基於何項法規、契約或者義務來源，而有該「注意義務」，自難認為其業已盡舉證責任。

二、本案爭點

本案之爭點有二，分述如下：

1. 系爭健身房使用須知明確規定：患有不適合運動疾病之高風險族群（如心臟病、高血壓、糖尿病等）或身體狀態不佳者（如懷孕、飲酒、受傷）嚴禁使用，持房卡進入健身房者視同已閱讀並同意上述規範，若違反此規範而致產生意外情事，其後來應如何區分責任？
2. 現行並無任何法規範或契約約定，要求飯店或旅館附設之健身房有善管義務，應派駐管理人員或隨時監看錄影畫面之積極作為義務，則縱使被告公司並未做到該標準，亦難謂其有何過失可言，更遑論不法侵害他人致死罪責。
3. 法院判法

（一）被告公司自認並無在健身房內設置管理人員（在健身房外，縱使設置管理人員也不可能看得到健身房內的動

靜），亦無派員隨時監看監視器，足見其為節省營運成本，未配置足額人力巡視該健身中心，致無從確保住宿房客之人身安全，自不具備當前飯店、旅館業專業水準可合理期待之安全性。

至於所謂「符合當時專業水準可合理期待之安全性」，乃不確定法律概念，應依照實際時期、地點、行業判斷，縱使同樣經營旅宿業，亦會因為旅館等級不同（收費、星等、品牌等），而有不同的服務周密、細膩度，被告經營旅宿業，對於何間旅館與〇〇大飯店屬於同級旅館，衡情自具備對於旅宿業之熟悉度和判斷能力。

（二）從健身房之種種管理措施，被告公司所提供之服務欠缺安全性，與呂〇〇死亡結果有相當因果關係，應負損害賠償責任，原告丁〇〇、戊〇〇、丙〇〇，於呂〇〇因本件事故死亡時年僅12歲和10歲，而原告甲〇〇為呂〇〇之妻，與呂〇〇育有三名子女，美滿婚姻及家庭生活可期，惟因被告公司違反消保法第7條，致呂〇〇延誤就醫而亡故，原告丁〇〇、戊〇〇、丙〇〇年幼失怙、原告甲〇〇痛失愛侶，其等精神上所受之痛苦甚鉅。

馬偕醫院給的衛教資料說呂〇〇可以「慢跑」，故呂〇〇應該可以使用健身房跑步機，然馬偕醫院上開回函已經清楚說明：「短時間慢跑運動應是可以負荷，只是跑步機是否就等

同慢跑運動,其強度及持續時間均會造成有所不同,即可能無法負荷此風險」,應為呂○○所能預料,但因其違反健身房公告,故呂○○應負擔百分之五十之過失責任。

(三)原告甲○○得請求之金額為殯葬費 34 萬 5,440 元、慰撫金 100 萬元,合計 134 萬 5,440 元,經過失相抵後,金額為 67 萬 2,720 元(計算式:134 萬 5,440 元 x1/2=67 萬 2,720 元),其請求 158 萬 7,877 元,結果獲賠 67 萬 2,720 元。

三、判決評析

(一)按因故意或過失,不法侵害他人之權利者,負損害賠償責任,民法第 184 條第 1 項前段定有明文。又法人依民法第 26 條至第 28 條之規定,為權利之主體,有享受權利之能力,為從事目的事業之必要,有行為能力,亦有責任能力,按不法侵害他人致死者,對於支出醫療及增加生活上需要之費用或殯葬費之人,亦應負損害賠償責任。不法侵害他人致死者,被害人之父、母、子、女及配偶,雖非財產上之損害,亦得請求賠償相當之金額,民法第 192 條第 1 項、第 194 條亦有明文。

(二)按公司負責人對於公司業務之執行,如有違反法令致他人受有損害時,對他人應與公司負連帶賠償之責,公司法第 23 條第 2 項定有明文,按從事設計、生產、製造商品或

提供服務之企業經營者,於提供商品流通進入市場,或提供服務時,應確保該商品或服務,符合當時科技或專業水準可合理期待之安全性;企業經營者違反前開規定,致生損害於消費者或第三人時,應負連帶賠償責任,但企業經營者能證明其無過失者,法院得減輕其賠償責任,消保法第 7 條第 1、3 項定有明文。

(三)故本案之發生雖純屬意外,但由於被告對於案發健身房提供服務時,應確保該商品或服務,符合當時科技或專業水準可合理期待之安全性,企業經營者違反規定,致生損害於消費者或第三人時,應負連帶賠償責任,但企業經營者能證明其無過失者,法院得減輕其賠償責任,消保法第 7 條定有明文,所以本案之侵權過程為 50/50 應當公允。

《案例四》行走鋁製斜板案 -

評析臺灣○○地方法院○○○年度訴字第○○○號民事判決

一、本案事實

原告主張其於 103 年 11 月 8 日至被告南投○○大飯店住宿，於翌日上午 8 時許離開被告飯店處，欲至日月潭搭乘遊艇時，因被告飯店外通道與道路間有高低落差，被告乃於斜坡設置鋁製斜板，以利住客由飯店經由系爭斜板到達道路前往日月潭湖邊，但被告明知所設置系爭斜板應注意防滑，卻未設置任何防滑措施，致原告行系爭斜板時滑倒，此金屬製斜板係以數白鐵片焊製連接而成，略呈波浪狀，其波浪問之間隔約 4 至 5 公分，且白鐵平滑，並無顆粒或斜線之阻滑裝置，則一般人行走於其上，其鞋底與該斜板接觸之底面積，應不及平地接觸面積之三分之一，且系爭斜板係因被告飯店與道路問有高低落差約 18 公分，經被告設置於飯店與道路之間，亦為兩造所不爭執，客觀上即可能造成一般旅客滑倒而受傷。

（一）原告主張

原告主張其於上街時間入住被告之飯店，於翌日退房離去時，走至原告所設置之系爭金屬製斜板而滑倒，並造成上

開之傷害,有原告之上開診斷證明書及醫療費用收據可稽,且為被告所不爭執。

大飯店為系爭消費關係之企業經營者,而原告則為消費者,被告所提供之商品或服務,自應確保原告於消費期間無安全或衛生上之危險。

消費者保護法對於商品或服務既未加以定義,倘企業經營者提供之商品或服務攸關消費者健康與安全之確保,為促進國民消費生活安全及其品質,另外從事設計、生產、製造商品或提供服務之企業經營者應確保其提供之商品或服務,無安全或衛生上之危險,而商品或服務具有危害消費者生命、身體、健康、財產之可能者,應於明顯處為警告標示及緊急處理危險之方法,企業經營者違反前兩項規定,致生損害於消費者或第三人時,應負連帶賠償責任,但企業經營者能證明其無過失者,法院得減輕其賠償責任」;「從事經銷之企業經營者,就商品或服務所生之損害,與設計、生產、製造商品或提供服務之企業經營者連帶負賠償責任,但其對於損害防患已盡相當之注意,或縱加以相當之注意而仍不免發生損害者,不在此限」,消費者保護法第7條、第8條第1項分別定有明文。

再從民法的觀點,民法第184條第1項前段、第193條第1項、第195條第1項定有明文「因故意或過失,不法侵害他人之權利者,負損害賠償責任。」、「不法侵害他人之身

體或健康者,對於被害人因此喪失或減少勞動能力或增加生活上之需要時,應負損害賠償責任。」、「不法侵害他人之身體、健康、名譽、自由、信用、隱私、貞操,或不法侵害其他人格法益而情節重大者,被害人雖非財產上之損害,亦得請求賠償相當之金額。」

經查飯店業者提供消費者個人或團體食宿,諸此皆已涉及消費者之健康及安全,依上開說明,自應確保其提供之商品或服務,無安全或衛生上之危險,因此飯店業者有不法之適用,應屬無疑。

(二)被告主張

系爭斜板為白鐵製,非鋁製,因被告飯店外通道與道路間有高低落差,才會架設系爭斜板,系爭斜板並非平面,而有凸起,白鐵材質也應有防滑效果,遊客應不容易跌倒,嗣因遊覽車車體重量較重,長期碾壓系爭斜板,造成斜板與路面接縫處有時需鋪設柏油或水泥。

事故現場改為石板材質而與被告飯店走道鋪設之材質相同。而原告係隨團體約100多人入住被告經營飯店,系爭事故發生時為原告及其團體集體退房離開之時,若果如原告所言係被告設施不當所致,何以唯獨原告跌倒,其他100多人團員卻均安然無事?因此系爭事故係原告個人疏忽所致,原告本身顯有過失,自應自行負擔過失之責任。

二、本案爭點

本案之爭點有二，分述如下：

1. 系爭斜板係因被告飯店與道路間有高低落差約 18 公分，經被告設置於飯店與道路之間。
2. 被告是否應負損害賠償責任及消保法之責任？
3. 法院判法

(一)原告因被告飯店外通道與道路間有高低落差，被告乃於斜坡設置系爭鋁製斜板，以利住客由飯店經由系爭斜板到達道路前往日月潭湖邊，但被告明知所設置系爭斜板應注意防滑，卻未設置任何防滑措施，致原告行經系爭斜板時滑倒，受有左腳踝骨折及左踝三踝閉鎖性骨折系爭事故，被告應負損害賠償責任等情，業據原告提出戴德森醫療財團法人嘉義基督教醫院診斷證明書、醫療費用收據、埔基醫療財團法人埔里基督教醫院就醫診斷證明書、醫療費用收據，照片及天主教中華聖母修女會醫療財團法人天主教聖馬爾定醫療費用收據等作為證，被告對於原告於上揭時間退房離開被告飯店時，於被告飯店門前斜坡處之系爭金屬製斜板滑倒，受有左腳踝骨折、左踝三踝閉鎖性骨折等傷害之事實，並不爭執，惟否認有何過失，並稱，多人經過均安然無事，惟獨原否經過而滑倒，故合理推論系爭事故係原告個人疏忽所致，原告本身顯有過失，自應自行負擔過少之責任等。

(二)原告所設置之系爭金屬製斜板而滑倒,並造成上開之傷害,有原告之上開診斷證明書及醫療費用收據可稽,且為被告所不爭執,堪信為真。

(三)民法第 184 條第 1 項前段、第 193 條第 1 項、第 195 條第 1 項定有明文,按「因故意或過失,不法侵害他人之權利者,負損害賠償責任。」、「不法侵害他人之身體或健康者,對於被害人因此喪失或減少勞動能力或增加生活上之需要時,應負損害賠償責任。」、「不法侵害他人之身體、健康、名譽、自由、信用、隱私、貞操,或不法侵害其他人格法益而情節重者,被害人雖非財產上之損害,亦得請求賠償相當之金額。」

(四)消費者保護法第 7 條、第 8 條第 1 項分別定有明文,另按「從事設計、生產、製造商品或提供服務之企業經營者應確保其提供之商品或服務,無安全或衛生上之危險。商品或服務具有危害消費者生命、身體、健康、財產之可能者應於明顯處為警告標示及緊急處理危險之方法。」

三、判決評析

本件原告於上揭時間退房離去被告飯店,欲行至日月潭邊時,因被告飯店門前與道路有落差,設置系爭金屬製斜板,原告行至該斜板而滑倒,已如前述,該金屬製斜板係被

告所設置,為被告所自認,並經證人到庭證稱該系爭斜板係白鐵製成,係由伊於 103 年間負責組裝完成,並未經安全檢驗等語。導致原告退住被告飯店離開時,於被告飯店門前斜坡處之金屬製斜板上滑倒,受有左腳踝骨折、左踝三踝閉鎖性骨折等傷害。「從事經銷之企業經營者,就商品或服務所生之損害,與設計、生產、製造商品或提供服務之企業經營者連帶負賠償責任。但從安全不符來檢視此案,被告所設之違法系爭斜板並未善盡責任,故應對原告予以負醫療賠償。

《案例五》住客摔倒游泳池案

評析臺灣高等法院○○分院○○○年度重上字第○○○號民事判決

一、本案事實

原告在被告經營之○○○○時尚旅館 R607 號房，原告原在水池邊之躺椅上休息，後自躺椅上起身，想要靠近水池邊，與在水池內之朋友聊天，惟因滑倒、絆倒或突然暈眩等因素之故，致重心不穩而跌入水池；並在跌入水池前，頭頂後方撞擊堅硬地板或水池邊水泥或其他硬物，因而受有「第五頸椎壓迫性骨折合併脊髓完全損傷」之傷害，造成四肢癱瘓，至今無法自行起身、轉位、移位，日常生活須專人 24 小時照料。

法院審理期間，原告躺在輪椅上由家屬推入法庭，原告對於法官之問話可以理解，意識清楚，但無法行動，手無法寫字，雙手及雙腳均有萎縮情形。

(一) 原告主張

原告與友人共同入住被告公司經營之○○○○時尚旅館，房內設有游泳池設施供房客使用，惟因現場並無張貼警語，亦無適當之安全或救生設備，致原告於使用游泳池設備時，因安全設施不足而自池畔跌入池中，因而受有「第五頸椎壓迫性骨折合併脊髓完全損傷」之傷害，造成「四肢癱

第十一章 服務爭議案例

瘓」、「泌尿道感染」、「神經性膀胱及神經性腸道」等病症，原告迄今仍四肢癱瘓，無法起身，日常生活均須仰賴家人及看護照料。

被告為旅館業者，其為吸引顧客及為求美觀，竟在房間內設置游泳池，惟其設置之游泳池水深不足，又未有適當明顯之警告標示及緊急處理危險之方法，亦未配備適當之救生設備，更無避免危害發生之安全設備；且由被告事後加裝木製柵欄之行為，更可確認被告確有設置欠缺之過失，難認符合當時科技或專業水準可合理期待之安全性，依消費者保護法第7條、民法第184條第1項規定，被告自應就原告所受之損害負賠償責任。

當日青商會雖在被告旅館開5、6間房間，惟因事發所在之R607號房較大且有KTV、泳池等設備，故原告一行人均聚集在該房內唱歌、游泳，而事發當時多數人係在房間內唱歌，僅原告及友人陳○○、徐○○3人在游泳池附近，然該3人均未喝酒，更無故意往游泳池跳水之行為。

(二)被告主張

被告櫃台接獲通知客房有人受傷，被告公司服務人員隨即趕赴該房間處理，並了解原告受傷之原因，經在場原告之其他友人告知，原告當時似因與其他友人在房間內喝酒狂歡，嗣於該房間外所設置之景觀水池邊故意往水池內跳，不慎造成本件傷害。

271

被告房間內所設置者為一般造景用之景觀水池,並非游泳池,且亦設有禁止跳水或游泳之警語;況縱為一般游泳池,尚非專為跳水而設計者,水深自然不足,更何況像景觀水池當然禁止使用者跳水,原告為智慮健全之成年人,自然知悉本件顯然因原告之故意行為所致。

本件經第三公正單位○○保險公證人有限公司至現場鑑定後亦認被告公司當時所提供之設施與目前一般飯店之設施並無不同之處,且無不符目前科技或專業水準可合理期待之安全性可言,亦無證據可證係被告設置之過失致原告受傷。況被告更係在事故發生後第一時間通知救護單位處理,並無過失,是被告為旅館經營業者,所提供為符合一般住宿之安全服務,對於原告之故意行為,尚難認有過失。

二、本案爭點

(一)原告發生事故之過程及其原因為何?

(二)被告所經營之○○○○時尚旅館未依消費者保護法第 7 條第 1 項規定,禁止房客進入景觀池游泳,並在景觀池四周設置防止人跌落之設施,以提供消費者安全之服務空間,是否該負傷害責任?

1. 法院判法

(一)地院判決

被告經營旅館為營業場所,提供旅客住宿及休閒服務,

應確保其提供之服務具有可合理期待之安全性。茲被告既明知其於 R607 號房所設置之水池為景觀池，並非游泳池，顯然該水池僅供造景觀賞之用，則其自應禁止房客進入水池游泳，並在水池四周設置防止人跌落之設施，以提供消費者一安全之服務空間，保障消費者於使用景觀池而接受被告所提供之服務時，可避免因滑倒、絆倒或暈眩等因素而跌入池中受到傷害，所提供之住宿服務，自難認具有可合理期待之安全性。

被告固提出○○保險公證人有限公司函文：被告公司當時所提供之設施與目前一般飯店之設施並無不同之處，且無不符目前科技或專業水準可合理期待之安全性，亦無證據可證係被告設置之過失致原告受傷等語。惟查，上開公司並未經主管機關許可具有鑑定消費者保護案件之專業能力，尚難認係公正專業單位是其認定結果。

然被告除已自認並未管制房客進入景觀池游泳外，復未在水池四周設置防止人跌落之設施，則於原告自水池邊躺椅上起身時，因滑倒、絆倒或暈眩等因素，因無上開防護設施致跌入池中，頭頂後方撞擊硬物而受有傷害。被告所提供之服務空間，致原告前往消費時，因滑倒、絆倒或暈眩等因素而跌入景觀池中受有傷害，依前開規定，被告自應對原告所受之損害負賠償之責。

(二)高院判決

本件最主要爭執點為上訴人如何造成之第 5 頸椎衝擊性脫位性骨折 (burst fracture-dislocation of C5) 以及椎間管狹窄之傷害。

被上訴人主張系爭此為游泳池,上訴人則抗辯係景觀池,經法院履勘結果,該水池位於三樓露天,長度為 756 公分,寬度 277 公分,深度 90 公分,門對面有露台及躺椅、池邊有扶梯,扶梯對面有三座噴水雕飾,有勘驗筆錄及照片可憑,以上開長、寬、深度,顯不敷游泳池所需,又有扶梯亦非單純之景觀池,法院認為屬於戲水池;惟該 R607 號房非位於核准營業範圍內,屬擴大營業,原核准竣工圖查無露天水池等核准事項。

查民法第 184 條第 2 項規定:「違反保護他人之法律,致生損害於他人者,負損害賠償責任。但能證明其行為無過失者,不在此限」,其立法旨趣係以保護他人為目的之法律,意在使人類互盡保護之義務,倘違反之,致損害他人權利,與親自加害無異,自應使其負損害賠償責任。本件系爭水池既未經核准使用,讓被上訴人使用,上訴人違反保護他人之法律,被上訴人並因而受傷,難謂無因果關係。

法院審理上訴人發生處所非位於核准營業範圍內,被上訴人跳水所致,認為被上訴人就其所受損害部分應負 80% 之

過失責任，則上訴人之損害賠償責任應減輕為20%，即賠償金額377萬1,025元，超過部分即無理由。

三、本案評析

企業經營者，其於房間內設置戲水池，惟其設置之戲水池水深不足，又未有適當明顯之警告標示及緊急處理危險之方法，亦未配備適當之救生設備，更無避免危害發生之安全設備，難符合當時科技或專業水準可合理期特之安全性。

本案系爭水池深度90公分，水深甚淺，一般理性第三人均會知悉本件水池並不能用來跳水，傷者既為智慮健全之成年人，又住居環海之澎湖，更無推諉為不知之理，惟其竟為跳水，即被上訴人亦承認水深及腰，如若跳水等於是自殺的行為，是被上訴人受傷之發生，本身顯有重大過失，從傷勢觀之，傷者乃以頭上腳下往水池跳，才造成擠壓脊椎。

從案發現場得之，傷者當時係因與其他友人在房間內喝酒狂歡，嗣於該房間外所設置之戲水池邊故意往水池內跳，不慎造成本件傷害。

高等法院經清楚本案事件因果關係後，改判傷者亦須負80%責任，賠償金額大減，對該旅宿業者比較公平判決。

《案例六》未入住詆毀民宿案 -

評析臺灣高等法院○○分院○○○年度上字第○○○號民事判決

一、本案事實

原告為經營「○○○民宿」、「○○民宿」之業者，被告則於民國 100 年 8 月 3 日以電話向「低調民宿」預訂同年 9 月 9 日之雙人套房一間。被告於同年 8 月 5 日匯款 1,000 元，並於同年 8 月 5 日 22 時 26 分以簡訊告知原告已匯款。

因原告已將房間保留給已先匯款之他人，致被告因此並未訂到房間，原告於同年 8 月 17 日將 970 元（扣除匯款手續費）匯返被告。被告則於同日在 mobile01 網站上以「learnyou」為名刊載：「金針花季到了，花蓮民宿的熱門度可想而知，這家"低調民宿"位於富里的山腳下，雖然環境不錯，但身為服務業的他們，給了我一個很糟糕的體驗，並將該民宿網頁張貼該網友留言。

(一) 原告主張

被告以「learnyou」之名義於原告所經營之「○○○民宿」、「○○民宿」之網站留言板上，張貼不實心得文章及侮辱性字眼指謫原告，在貼文時把北九岸民宿一起寫在裡面，針對原告惡意抨擊。

該貼文貼於民宿留言版，猶如將抗議白布條拉在店家門口，企圖影響其做生意，進而倒店。現代人旅遊住宿皆靠網路資訊訂房，而一間與人有糾紛的民宿是不會被一般人接受的。兩年來，○○○民宿的生意直接受該貼文影響，業績差到難以維持最起碼的運作，最終停業。一家民宿的合法成立到營業，門檻非常高，拿到合法證書實屬不易。原告經營民宿，希望有一個經濟來源及生活重心，卻因該轉貼文章影響，無人願意上門，生意差到不可同日而語。被告應於原告所經營之「○○○民宿」、「○○民宿」之網站留言板上以「learnyou」之名義，各刊登內容為：「道歉人李○○就與低調民宿關於訂房糾紛，李○○公然在網路上以 learnyou 之名義，散布不實文章、辱罵字眼，嚴重損害羅○○所經營之北九岸民宿、低調民宿之名譽及羅○○之人格權，承蒙羅○○寬量，不予深究，並重申上開所有貼文及其轉載者，內容均非真實」之道歉啟事。

(二)被告主張

被告於網站刊載民宿訂房未果與退款延爆之經驗，乃就訂房過程所為之事實敘述，並未在原告所經營之民宿網站留言版上留言。文章所述皆為被告本人發生之事實經過，係為了避免其他消費者發生類似事件而毀壞出遊興致，此乃善意發表並為可受公評之事做適當評論，該陳述屬言論自由受憲法保障，亦無憑空虛捏或是故意扭曲事實之情形，難認有何

侵害原告商譽之故意或過失。

又原告指謫被告於文章內容指出「老闆娘只要躺著賺就好」影射原告，有公然侮辱之行為。惟查：上開處罰書中提及，前揭文字僅單純指責原告並未主動積極辦理訂房、退款之事務，非有胡亂指謫原告涉及違反公序良俗等情節，主觀上顯非有侮辱原告之犯意。由此可知，被告並沒有使用侮辱性字詞，侵害原告的名譽。

再者，民宿生意慘澹無人訂房，最終導致歇業，向被告求償 70 萬元之營業損失賠償。惟查，按損害賠償之債，以有損害之發生及有責任原因之事實，二者之間，有相當因果關係為成立要件，故原告所主張損害賠償之債，如不合於此項成立要件，即難謂有損害賠償請求權存在。

民法上名譽權之侵害，雖與刑法之誹謗罪不盡相同，惟刑法第 310 條第 3 項、第 311 條第 3 款之免責規定，乃係為調和個人名譽與言論自由發生衝突而設，為維護法律秩序之整體性，俾使各種法規範在適法或違法之價值判斷上趨於一致，是上開規定，於民事事件即非不得採為審酌之標準，故行為人之言論雖損及他人名譽，惟其言論屬陳述事實時，如能證明其為真實，或行為人雖不能證明言論內容為真實，但依其所提證據資料，足認為行人有相當理由確信其為真實者，或行為人之言論屬意見表達者，如係善意發表，對於可受公評之事，而為適當之評論者，不問事之真偽，均難謂係

不法侵害他人之權力,尚難令負侵權行為損害賠償責任(司法院大法官會議第 509 號解釋、最高法院 96 年度臺上字第 928 號判決參照)。

二、本案爭點

而本件爭執者,即在於本件被告上揭在網際網路之網站上所貼之文章,有無侵害原告之名譽,並造成原告之損害?

1. 法院判法

本件被告於網站上張貼如上述文章,並轉貼至原告所經營之二家民宿留言板,而由其上揭貼文內容可知,係被告就其在預訂原告所經營之低調民宿時,未能順利訂房,導致被告已匯款而仍未訂到房間之交易過程,被告認權益受損之經過,屬被告親身經歷之事項,並非被告憑空捏虛事實。而對照原告所經營之低調民宿網站之訂房流程可知,在預定房間後尚須支付訂金,方完成訂房手續,且若在預定後,並未及時匯款時,有可能房間已為其他已匯款之人預訂。

言論自由為人民之基本權力,大法官釋字第 509 號解釋已釋示言論自由具有「實現自我,溝通意見、追求真理、滿足人民知的權利,形成公意,促進各種合理的政治及社會活勤之功能」,本件情形即可知,被告不僅在匯款後未正式取得訂房,更因此必須待原告退還訂金,甚至損失匯款手續費用,從而此種訂房之流程及方式是否合理,確實並非不可受

公評。在整個交易的過程中，原告固有權決定其出租房間之流程及方式，然對此流程及方式之當否，自應亦同受消費者之檢驗，被告將其消費經驗張貼公示，要屬其意見表達，已如前述，既無任意捏虛造假，原告執此即謂被告有侵害原告甚至損及同為原告所經營之北九岸民宿之權利，尚嫌無據。

原告所主張被告之貼文中「拽」、「老闆娘只要躺著賺就好？」等用語，確實被告個人主觀之評價，且經閱讀前後文可知，被告指謫內容尚稱明確，而其用字亦非可認係屬漫罵，尚堪認屬失當評論之範疇。至被告所寫「老闆娘只要躺著賺就好」等文字，在早期一般坊間俗哩用語，固隱約有貶低歧視女性之意味，而屬足以貶損他人社會評價之事。然被告為此用語時，是否有侮辱貶損原告之意，仍應視其全部行文及先後文義定之綜合判斷，不能斷章取義，更不能以原告之主觀感受、認知為唯一標準。

因此，這篇文章就其消費經過，並無捏虛或誇張之情事，縱偶以較為負面之字眼表達其不滿，經核尚在言論自由保障之範疇，而難謂有何侵害原告或其所經營之民宿權益之情事。是原告主張被告應負侵權行為之損害賠償責任，而依侵權行為之法律關係，請求被告應賠償100萬元及利息，另須刊登道歉啟事及刪除上揭文章等，為無理由，應予駁回。

三、判決評析

原告指稱自被告貼文後生意大受影響，惟因花蓮地區乃

民宿業者蓬勃發展之處，其生意之好壞，受同業競爭者數目、民宿業者經營方式、天候因素等等多種因素所構成，並無法單就被告貼文內容判定是影響其民宿業績之原因，構成損害之因果關係明顯不充分。

在消費者預訂房間後，仍非當然就完成訂房，仍以消費者匯款先後決定何人可訂到房間，此為原告所不爭執。而本件被告即因匯款時間較他人晚，致未能訂到房間，而被告就此消費經驗在網站上表示其看法，即屬其就客觀訂房之事實表達意見，依前揭說明，即屬被告主觀價值判斷之範疇，且係就認原告訂房流程不利消費者之可受公評之事項所為之評論，應受憲法之保障之基本權利。

再按涉及侵害他人名譽之言論，可包括事實陳述與意見表達，前者具有可證明性，後者則係行為人表示自己之見解或立場，無所謂真實與否。而意見陳述乃行為人表示自己之見解或立場，屬主觀價值判斷之範疇，在民主多元社會對於可受公評之事，即使施以尖酸刻薄之評論，仍受憲法之保障。

被告上揭「老闆娘只要躺著賺就好」之文字，係就原告將原應由原告負責之確認訂房、保留期間、確認匯款等事項，認僅單純由消費者匯款先後決定，顯已將業者應協力負擔之責任全部轉嫁消費者所表達之不滿，應非在侮辱原告甚明，且係基於自己客觀實際經驗而為之評論，仍屬意見表達而應

受保障之範圍。

若按刑法誹謗罪論之，以行為人之行為出於故意為限，民法上不法侵害他人之名譽，則不論行為人之行為係出於故意或過失，均應負損害賠償責任，此觀諸民法第 184 條第 1 項前段及第 195 條第 1 項之規定自明。而所謂過失，乃應注意能注意而不注意，即欠缺注意義務，構成侵權行為之過失，係指抽象輕過失即欠缺善良管理人之注意義務而言，行為人已否盡善良管理人之注意義務，應依事件之特性，分別加以考量，因行為人之職業、危害之嚴重性、被害法益之輕重、防範避免危害之代價而有所不同。

《案例七》總統套房跌倒案 -

評析臺灣○○地方法院○○○年度訴字第○○○號判決

一、本案事實

原告至○○飯店五樓會議中心參加友人子女婚宴，餐後受邀至十五樓總統套房話敘。嗣原告欲上廁所，便進入該總統套房之浴室（下稱系爭浴室），嗣因地滑而全身向前滑倒，前額並撞到洗手檯下面櫃門之金屬把手，頸椎被全身重量擠壓，當場血流一地，而無法動彈。

後至醫院檢查，發現有頸脊髓外傷病變、第四至六頸椎間盤突出、頭部受傷併顴骨骨折及臉部撕裂傷四公分之傷害等情，由於現場花崗石未加燒面或防滑處理，衛浴通風較差，加上浴缸與洗手檯部分未隔開，並非乾溼分離，故地面容易溼潮難保持完全乾燥。

磁磚而言有分地面的磁磚及牆壁的磁磚等，花崗石是最硬的，因為硬度比較高，所以容易滑倒，所以浴室所使用之磁磚是否具防滑標準？另其洗手檯櫃門把手之設計是否安全等節，造成原告受傷。

(一) 原告主張

被告五樓會議中心參加友人子女婚宴，餐後受邀至向被告租用之十五樓總統套房話敘，故原告當然係被告服務之對

象,與被告具有消費關係。受傷後至今已有五十次門診檢查,及二百零四次之物理治療,每次耗時於等候,接受治療即達一個下午,另加上在家熱敷,幾乎全年均在與病痛博鬥,且有半年由配偶陪同治療,全家生活均受極大影響,精神痛苦異常萬分。尤其原告頸椎間盤突出壓迫頸脊髓受傷後便不能再生復原,即無法修補,目前不能提重,大部分需用背包,所受痛苦實無法形容。另前額撕裂傷部分將來須整形,即使手術亦無法完全恢復原來面貌,造成容貌毀損,遺憾終生,爰請求六十萬元之精神慰撫金。又被告僅為美觀豪華考量,於衛浴處所選用易滑之光亮大理石鋪地面,且被告既未在易滑處設置止滑墊,以確保使用人無安全上之危險,亦未於明顯處為防滑警告標示,以防事故之發生。

在如此寬闊之衛浴處所僅有三小面止滑墊,分別於浴缸前、廁所門前及三溫暖門前,其他地面則完全闕如;再者,系爭浴室之二側洗手檯下面所設八扇櫃門之把手均甚突出;且從現場照片浴缸所在位置,係設於三個台階之上,亦具危險性。是以,從上開浴室之設計觀之,被告所提供之服務顯不具安全性。

證據:提出醫療費用明細表、長庚醫院診斷證明書、照片、系爭浴室之平面示意圖、醫療及車資暨其他支出明細、車資收據、醫療費用收據、統一發票、物理治療記錄單為證,並聲請向室內設計裝修公會鑑定系爭浴室之設備是否已

符合安全標準？該浴室所使用之磁磚是否具防滑標準？另其洗手檯櫃門把手之設計是否安全？及聲請向長庚醫院函查原告頸椎間盤突出壓迫頸脊髓之情形，是否不能修補，而無法再生復原？

被告所提供之商品及服務既未具通常可合理期待之安全性，致生損害於消費者及第三人，自應依消費者保護法第七條及民法第一百八十四條第一項之規定，就原告所受損害負賠償之責。

(二)被告抗辯

服務於提供時，未具通常可合理期待之安全性者，為消費者保護法第七條第一項所稱安全或衛生之危險，但服務已符合專業水準者，不在此限，消費者保護法施行細則第五條第一項定有明文。換言之，只要服務於提供時已符合專業水準，則推定其已具通常可合理期待之安全性。經查，被告乃五星級之國際觀光旅館，而觀光旅館之建築、設備、經營、管理與服務方式，應符合「觀光旅館業管理規則」之規定，其主管機關並應實施定期或不定期檢查，其有危害旅客安全之虞者，在未改善前，得責令暫停使用，逾期未改善者並得撤銷其營業執照（上開規則第三十二條規定參照）。而被告於最近一次之定期檢查中，經就相關項目逐項檢查結果，均符規定，其中客房之「防滑設施」亦符合規定，此有交通部觀光局八十八年度國際觀光旅館定期檢查紀錄表可稽，是則，被告

之服務於提供時,應已符合國際觀光旅館之專業水準,依上開消費者保護法施行細則規定,應已具備通常可合理期待之安全性。何況所謂「通常可合理期待之安全性」,與「絕對的安全性」截然不同,原告以「絕對的安全性」之標準,認定被告之故意或過失,亦有未合。至於室內設計裝修公會所為之鑑定,似係著眼於「絕對的安全性」,並未顯示在正常合理使用之下,是否已具備可合理期待之安全性,故其鑑定結果,應不足以作為判定被告之衛浴設備是否已具備「通常可合理期待之安全性」之依據。況鑑定人汪精銳亦到庭證述,表示其所為之鑑定,並無規範依據,故其鑑定結果難免流於主觀之判斷,並無客觀之科學依據,自難遽予採信!

末查,本件事故發生之地點,係五星級觀光飯店之總統套房,其為一流之設備,應無庸置疑;且自飯店開始營運迄今,二十年來,該房曾經住過世界名流、政要,從未發生類似情況,故其設備已達「專業水準」,應可推定。又查觀光飯店固為公共場所,但其房間經客人進住後,即為私人居處,非公眾得自由出入之場所,飯店所服務之對象應只限於登記之客戶,至於其他第三人,則既非飯店之服務對象,與企業經營者自不成立消費關係,故該第三人應非消費者保護法保護之對象,因此,本件原告引用消費者保護法之規定,要求被告理賠,應無理由。茲原告不慎滑倒,其真正原因為何?因在私密空間發生,外人實不得而知,但在正常合理使用之

情況下,應不致發生滑倒事故,則可斷言!是則原告以其滑倒受傷而主張可歸責於被告,仍有待其舉證,被告對其所主張之發生原因及所受損害,均予否認。縱認被告有可歸責之事由,但原告因使用不當而造成損害,亦與有過失,被告主張過失相抵。

證據:提出交通部觀光局八十八年度國際觀光旅館定期檢查紀錄表、臺北市政府工務局八十九年十二月十五日北市工建字第八九三五三五五八〇〇號函、市、縣(市)政府工務(建設)局建築物防火避難設施與設備安全檢查申報結果通知書為證。次按民法第一百八十四條第一項前段所定之侵權行為損害賠償責任,係以故意或過失不法侵害他人之權利為要件,如無故意、過失或不法侵害之存在,自無侵權行為之可言,而本件被告所提供之服務既已具備通常可合理期待之安全性,有如前陳,則原告不慎滑倒,以致受傷,或係由於其非合理使用所致,自不得歸責於被告。

二、本案爭點

1. 本案爭點有二,分述如下:
2. 系爭浴室之設備是否具通常可合理期待之安全性?
3. 由於本案雙方並不否認其受傷之原因與系爭浴室之設備有關,本案發生事故之大飯店浴室地面係使用大尺寸之花崗石,每塊面積為 60x60CM,花崗石本身較磁磚光滑,很易濕滑,故為了安全,一般浴室地面不宜使用花

崗石，而採用磁磚，磁磚亦分壁面及地面兩種，地面須使用止滑磚。且由於花崗石硬度較硬且易滑之特性，通常都用在室外較多，避免入浴者跌倒。
4. 本案有無消費者保護法之適用？被告應否負損害賠償責任？
5. 本案系爭原告總統套房入廁跌倒，雖然原告與被告並無消費關係存在，但被告既可預見縱非該總統套房之消費者，亦有可能進入該總統套房，所以原告亦為消費者保護法第七條第三款所稱之「第三人」，適用條款。

三、法院判法

本案經室內設計裝修公會鑑定，其中證詞「有關臺灣的觀光飯店，也有部分是用大理石，但應該經過處理，或在大理石上加上止滑條」、「系爭浴室的設備就是不安全」等語，足認被告就系爭浴室之設備尚不符安全標準一節足堪認定。又系爭浴室之設備既有安全上之危險，且有危害生命、身體、健康、財產之虞，被告自應於明顯處為警告標示及緊急處理危險之方法，而被告卻不為。

（二）

案發飯店的地板的磁磚其等並不會檢查，因上開管理規則並無規定要防滑設施等語，可知浴室地板之建材並非交通部觀光局經管之業務，故上開定期檢查紀錄表並無從證明被

告所提供之浴室設備已具備通常可合理期待之安全性。至市、縣（市）政府工務（建設）局建築物防火避難設施與設備安全檢查申報結果通知書係依據「建築物公共安全檢查簽證及申報辦法」而來，然該辦法針對建築物防火避難設施所為之檢查，故縱被告通過該項目之檢查，亦難以此證明系爭浴室之設備即不具危險性，是被告辯稱其所提供之服務已具專業水準，並無安全上之危險，亦難採信。

（三）

被告既為服務提供之企業經營者，而其所提供之服務有安全上之危險，並致原告受有前揭傷害，依消費者保護法第七條之規定，被告自應負損害賠償責任，且因被告所提供之服務不具安全性而受侵害，故原告自為消費者保護法第七條第三項所稱之「第三人」，而有消費者保護法第七條之適用。

（四）

民法第一百九十三條第一項、第一百九十五條第一項前段分別定有明文，不法侵害他人之身體或健康者，對於被害人因此喪失或減少勞動能力或增加生活上之需要時，應負損害賠償責任；另不法侵害他人之身體、健康者，被害人雖非財產上損害，亦得請求賠償相當之金額。

（五）

再從消費者保護法對於企業經營者乃採無過失責任制

度,其對因消費關係所產生之侵權行為雖無任何故意、過失,亦需負損害賠償責任,僅其損害賠償範圍因消費者保護法未規定,依該法第一條第二項之明文,而需適用民法相關規範條文。

四、本案評析

查原告係於被告設置之五樓餐廳用餐,並於餐後受套房承租人邀請到其房間話敘並使用其浴室,乃是以消費的目的使用被告提供之套房商品,及接受其服務之人,因此本件原告係屬於消費者保護法所規定之消費者,無庸置疑。

明為子女舉辦之婚宴,餐後受邀至套房承租人向被告租用之十五樓總統套房話敘,原告欲上廁所便進入該套房之浴室,惟因被告就系爭浴室之設備完全著重美觀,未為安全上之考量,而採用易滑之地磚,且無任何警示標語,亦未設置有效之止滑墊。被告為飯店業者,應知衛浴處所係最容易發生意外事故之地點,且衛浴處所地板易有水,因此,容易有滑倒之意外事故發生,一般為有效預防,於衛浴處所之地板無不採用具防滑性之材質,然被告卻完全為美觀考量,採用易滑之大理石鋪面。而光亮地板遇水即滑,衛浴處所係用水之處,尤其在二個洗手檯櫃前之光滑地板,更無法完全保持乾燥無水之情況,一旦有水,顯易造成滑倒之事件發生。

消費者保護法第七條第一項所稱之「服務」,應係指非

直接以設計、生產、製造、經銷或輸入商品為內容之勞務供給，且消費者可能因接受該服務而陷於安全或衛生上之危險者而言；因之，本質上具有衛生或安全上危險之旅館服務，自有本法之適用。又按「安全或衛生上之危險」，依同法施行細則第五條第一項規定，係指服務於提供時，未具通常可合理期待之安全性，且未符合當時科技或專業水準者而言。而是否具備通常可合理期待之安全性，則應以提供服務當時之科技及專業水準，以及符合社會一般消費者所認知之期待為整體衡量。

因故意或過失，不法侵害他人之權利者，負損害賠償責任；又從事設計、生產、製造商品或提供服務之企業經營者應確保其提供之商品或服務，無安全或衛生之危險。按從事設計、生產、製造商品或提供服務之企經營者應確保其提供之商品或服務，無安全或衛生上之危險。商品或服務具有危害消費者生命、身體、健康、財產之可能者，應於明顯處為警告標示及緊急處理危險之方法。企業經營者違反前兩項規定，致生損害於消費者或第三人時，應負連帶賠償責任。依民法第一百九十三條第一項規定：「不法侵害他人之身體或健康者，對於被害人因此喪失或減少勞動能力，或增加生活上之需要時，應負損害賠償責任。」按不法侵害他人身體、健康、名譽、自由、信用、隱私、貞操，或不法侵害其他人格法益而情節重大者，被害人雖非財產上之損害，亦得請求賠

償相當之金額,民法第一百九十五條第一項前段定有明文。

致原告受有上揭傷害,顯有過失,且衛浴處所係一最易發生滑倒事件之室內處所,而當滑倒事故不幸發生時,加上其他設置之不當,如本件在衛浴處設有甚為突出之把手,更易加重傷害之程度,被告係一知名之大飯店業者,對於提供之衛浴處所,更應確保無安全上危險,然被告卻僅著重美觀,完全無安全上之考量。綜上可證,被告所提供之商品及服務顯未具通常可合理期待之安全性。

可合理期待之安全性者,為本法第七條第一項所稱安全或衛生上之危險,民法第一百八十四條、消費者保護法第七條及消費者保護法施行細則第五條分別定有明文。被告為提供住宿之旅館業者,自應確保其提供之商品或服務,無安全或衛生上之危險,但被告所提供套房內之浴室既有安全上之危險,且被告迄未舉證以明其對於損害之防免已盡相當之注意,或縱加以相當之注意而仍不免發生損害,是依首揭消費者保護法第七條之規定,被告即應就原告因本事件所造成之傷害,負損害賠償責任。

第十二章

結論

　　台灣邁入服務經濟的消費時代，消費者不僅有能力滿足溫飽，且重視消費的服務體驗，因此，消費者與經營者因消費產生的爭議問題開始引起大眾的關切，加上消費者保護意識開始覺醒，社會大眾亦致力於消費者保護運動，經營者對服務過失與消保法與民法的關係，應有更進一步的理解。

　　茲將本書七個案例彙整如下：

案號	一	二	三	四	五	六	七
案名	颱風天鐵板砸車案	婚宴海鮮中毒案	房客使用跑步機休克死亡案	行走鋁製斜板案	住客摔倒游泳池案	未入住詆毀民宿案	總統套房跌倒案
住客行為	停車	用餐	休閒	行走	淋浴	訂房	滑倒

第三篇　旅宿業服務爭議案例實務

案號	一	二	三	四	五	六	七
案名	颱風天鐵板砸車案	婚宴海鮮中毒案	房客使用跑步機休克死亡案	行走鋁製斜板案	住客摔倒游泳池案	未入住詆毀民宿案	總統套房跌倒案
案由	鐵片因風大吹起砸車	海鮮未冷藏	未設專人管理健身房	設鋁製鐵板未符安全規範	跳入水池積水受傷	訂房未果抒發感受	衛浴潮溼入廁滑倒
結果	旅客勝訴	賓客勝訴	各負過失50%	旅客勝訴	旅客過失80%經營者20%	旅客勝訴	旅客勝訴
舉證	監視設備	1.廚師自證未冷藏 2.診斷證明書	監視設備	1.物證 2.診斷證明書	1.檢驗受傷部位 2.現場查勘	網路留言檢視	公會鑑定浴室未作防滑處理

案號	一	二	三	四	五	六	七
案名	颱風天鐵板砸車案	婚宴海鮮中毒案	房客使用跑步機休克死亡案	行走鋁製斜板案	住客摔倒游泳池案	未入住詆毀民宿案	總統套房跌倒案
賠償	1.支付車輛全額維修費用 2.懲罰性賠償金十萬	1.賠償金按菜單比率 2.非財損賠償五萬 3.懲罰性賠償金一倍 4.其他賓客醫藥及財損賠償	1.殯葬金 2.慰撫金	給付40萬	給付377萬	無	給付52萬

本書除了對文獻的闡述外，以下就服務過失瑕疵產生的法律爭議，提出以下四點結論：

1. 「商品服務責任」採取無過失責任，所以在消費者請求賠償時，就不需要舉證企業具有主觀的歸責原因（故意或過失）；但是，消費者仍然必須舉證具有客觀的歸責原因（即客觀的歸責要件），亦即消費者仍必須證明：「企業的商品或服務具有瑕疵」、「消費者受有損害」、「瑕疵與損害之間具有相當之因果關係」，此乃依消費者保護法第7

條規定，就企業經營者對於消費者應負無過失責任之構成要件。

2. 旅宿業者是否應負無過失責任，應先定義何謂「服務」，始能依事實認定服務是否有欠缺安全性，即是否符合「當時科技或專業水準可合理期待之安全性」之客觀歸責事由。

3. 就旅宿業者所提供之商品及服務是否欠缺安全性之認定，實務上就客觀認定標準，「當時科技或專業水準可合理期待之安全性」之文義有時不易釐清，以致實務上適用有其困難度。況且以文義解釋而言，「當時科技或專業水準」趨近於善良管理人注意義務之過失概念，而基於商品及服務無過失責任之立論基礎，學說上傾向將之解釋為以合理消費者之期待安全性為認定標準，所以法院審視角度若不同將有不同結果，因此服務無過失責任法規範之適用，仍有值得探究之處（如住客摔倒游泳池案）。

4. 有關商品與服務傷害的論文在學術討論過的有，肯德基污水跌倒案、外賣紅茶杯蓋燙傷害、KTV子彈穿牆案、上閣屋紙火鍋案等，皆因服務或類服務而引起消保法與民法的討論，這些服務業案例，未有集中於特定服務產業討論其可能發生的訴訟樣態，發現：

1. 飲食瑕疵大致發生在團體訂餐。
2. 健康中心若只有公告仍然須負傷害責任，使用者可能須簽健康聲明書及派專人定時巡視。
3. 有關旅客即使遭遇有天災的財損，業者仍然必須有其因果上的原因被究責。

最後，經營者對於類似網絡毀謗事件，若因自己有服務瑕疵之責，旅客依事實討論夾雜若干「酸民」評論，將很難構成網路毀謗罪責，建議運用網路語言溝通化解抱怨而非興訟。

第三篇　旅宿業服務爭議案例實務

第四篇

附錄

附錄一：智財權

附錄二：本書引用資料

第四篇　附錄

附錄一：智財權 ——

飯店業房型室內設計涉抄襲爭議

壹、本案事實概要

　　甲飯店業者，2014 年控告 B 地乙酒店內的四個房型設計，抄襲旗下甲酒店的客房，侵害其房型設計案，雖然乙飯店否認，但甲飯店於一、二審均獲判賠 500 萬元，然而到了最高法院卻廢棄原審有利於甲酒店之判決，發回智財法院更審。

　　111 年 10 月底更一審智財法院認為本案乙飯店不構成侵害著作權，但乙飯店違反公平交易法，且構成不平公競爭行為。

　　一、甲飯店主張

1. 乙酒店為了抄襲系爭房型，入住甲酒店不同房型拍照、實地測量，再重製於其經營之臺東乙喜來登酒店住房，並將該房型照片刊載於相關網站，經法院囑託的台灣經

濟科技發展研究院鑑定確認「構成侵權」。
2. 甲飯店主張，其房間住房家具、飾品擺設及室內設計之創作概念，為法國古典路易十六融合現代東方風格之舒適與典雅氣氛，具有原創性之藝術或美感表達，為應受著作權法保護之建築著作。
3. 乙公司已涉及著作權法、公司法、民法及公平交易法，甲飯店除了求償5百萬元，另要求拆除抄襲的客房裝潢，網路上的照片也需下架，並在報刊上刊登判決結果。

二、乙酒店主張

1. 乙酒店主張系爭房型的「室內設計」非建築物，只是施工人員按圖說施工的結果。
2. 性質上是屬於將圖形表現製成立體物的實施行為，不涉及著作財產權的利用，也無產生新著作，故非「建築著作」。
3. 乙酒店的住房及家具飾品等擺設是參考業界慣用配置及現品採購。
4. 家具外觀、選擇、尺寸、採光照明、動線佈局等欠缺著作權之原創性。
5. 家具型錄之公證書、書籍、交通部觀光局星級評鑑表等為證據。

附錄一：智財權－飯店業房型室內設計涉抄襲爭議

三、審判歷程

過程	日期
起訴	104/05/28
一審	107/09/14
二審	108/09/19
三審	110/02/03
更一審	111/10/24

經歷七年半，可能尚未結束。

貳、爭點

1. 乙公司是否侵害系爭著作之著作權，其涉及甲酒店之特定房型之室內設計，是否為著作權保護客體？是否有抄襲系爭著作之行為？
2. 乙公司是否違反公平交易法第 25 條規定？事涉乙公司有無足以影響交易秩序之欺罔或顯失公平之行為。
3. 乙公司是否委任呈境群象公司及天工公司協同設計臺東乙酒店，總設計費為 1,025 萬元？其涉及有無抄襲系爭著作之認定。
4. 丙公司依據著作權法第 88 條第 1 項、第 2 項第 3 款、第 3 項但書 或公平交易法第 31 條規定，請求被上訴人損害賠償額 500 萬元，是否有理由？
5. 丙公司依據著作權法第 84 條與公平交易法第 29 條規定，請求排除或禁止乙公司侵害系爭著作，是否有理由？

6. 上訴人依據著作權法第89條與公平交易法第33條規定，請求將本件判決登載於蘋果日報、自由時報、中國時報及聯合報全國版第一版下頁，是否有理由？

參、歷審判決小結

本案從107年9月經一審二審，前二審乙均敗訴判賠500萬並要拆除侵權房型；到了110年10月，最高法院不認同乙公司抄襲甲酒店之房型設計，是否為足以影響交易秩序之欺罔或顯失公平之行為？有判決不備理由之違法，應予廢棄，發回智慧法院更審。

一、歷審判決結果與理由要旨

	是否侵害著作財產權	
智慧財產法院104年度民著訴字第32號	X	甲酒店內部整體之室內設計，應視為一個完整之創作，無從將各部分割裂而單獨主張著作權之保護，原告就甲酒店房型設計以外部分之室內設計的創作過程及原創性等，並未提出相關之舉證，本院無從就甲酒店室內設計之整體是否具有「原創性」，亦無從將甲酒店與被告B地乙酒店之室內設計「整體」比對是否構成實質相似，原告單獨主張被告等侵害系爭房型室內設計之著作財產權，尚非可採。

附錄一：智財權－飯店業房型室內設計涉抄襲爭議

	是否侵害著作財產權	
智慧財產法院 107 年度民著上字第 16 號	O	系爭著作之住房室內設計不僅為獨立建築著作，亦為酒店整體建築之一部，而單獨住房設計屬建築著作之一部，故著作權法保障著作人之權，並不以著作物遭全部侵害，始構成侵害著作權，倘為一部侵害，屬精華或重要核心部分，亦構成著作權法之侵害。 甲酒店之建築著作保護對象為藝術或美感之表達，保護範圍包含建築物之外觀與建築物之室內設計。甲酒店之室內設計，為經營酒店之重要因素，雖未抄襲整體建築著作，然抄襲住房之室內設計，自應構成建築著作權之侵害。

二、歷審判決結果比較表 - 著作財產權

	一審 智慧財產法院 104 年度民著訴字第 32 號	二審 智慧財產法院 107 年度民著上字第 16 號
是否為建築著作	○	○
家具設計及擺設是否具原創性	○	○
室內整體空間佈局、設備規劃及家具尺寸、動線設計等，是否具原創性	○	○

第四篇　附錄

	一審 智慧財產法院 104年度民著訴字第32號	二審 智慧財產法院 107年度民著上字第16號
是否有重製行為	○	○

三、歷審判決結果比較表 - 著作財產權

	一審	二審
是否侵害 建築著作財產權	×	○
理由要旨	甲酒店內部整體之室內設計，應視為一個完整之創作，無從將各部分割裂而單獨主張著作權之保護，原告單獨主張被告等侵害系爭房型室內設計之著作財產權，尚非可採。	著作權法保障著作人之權，並不以著作物遭全部侵害，始構成侵害著作權，倘為一部侵害，屬精華或重要核心部分，亦構成著作權法之侵害。甲酒店之室內設計，為經營酒店之重要因素，雖未抄襲整體建築著作，然抄襲住房之室內設計，自應構成建築著作權之侵害。

四、判決

1. 一審判決 —— 公平交易法
2. 按公平交易法第 25 條規定：「除本法另有規定者外，事業亦不得為其他足以影響交易秩序之欺罔或顯失公平之行為」，本條所稱「顯失公平」，係指「以顯然有失公平之方法從事競爭或營業交易者，包含榨取他人努力成果、抄襲他人投入相當努力建置之網站資料、高度抄襲行為等，判斷事業行為是否構成該條所稱「足以影響交易秩序」，只要該行為實施後有足以影響交易秩序之可能性，達到抽象危險性之程度為已足（最高行政法院 94 年度判字第 479 號判決參見）。
3. 被告不法抄襲甲酒店房型室內設計之行為，除節省設計創作及裝修時間，更無須支付鉅額設計費用，即可輕易裝潢完成並對外營業，該不勞而獲之行為，足以影響觀光飯店業之交易秩序，構成違反公平交易法第 25 條（修正前第 24 條）之「足以影響交易秩序之欺罔或顯失公平之行為」。
4. 本院得參酌卷內相關事證，酌定損害賠償之金額。爰審酌原告委請○○公司進行甲酒店整體室內設計之總金額高達 3000 萬元；又交通部觀光局公布之各 105-106 觀光旅館營運月報表資料，B 地乙酒店 104 年度之「住房收入」分別為 9256 萬元、1 億 3740 萬元、1 億 3457 萬元（原

證 9、9-1，見本院卷二第 90-91 頁、本院卷三第 27-28 頁)，而依財政部公布之 102 至 105 年度同業利潤標準表，觀光旅館淨利為 19%(見本院卷二第 96 頁)，足見被告 B 地乙酒店 104 年至 106 年度所獲得之住房收益甚為可觀。

5. 二審判決 —— 公平交易法

二審法院進一步為公平交易法為 25 條提出判斷顯失公平應考量的因素：

1. 遭到攀附或高度抄襲之標的，是該事業投入相當程度的努力，而在市場上擁有一定的經濟利益的成果。
2. 因為攀附或抄襲，使交易相對人誤以為兩者屬同一來源，同系列產品或關係企業。

肆、本案評析（公平交易法部份）

本案一審、二審及更一審法官審酌兩酒店有關房型設計照片及證據資料，認為兩者高度近似，因此認定乙璽悅抄襲甲房型設計，並已影響觀光飯店業交易秩序，有違公平交易法之規定。

一般看法觀光旅館業的相關市場中，房型和室內設計是相當重要的競爭優勢，不僅影響消費者的訂房意願也左右業者的訂價策略。丙公司認為乙公司的行為不只是對著作權的侵害，也可能讓消費者誤認兩間或品牌關聯之想像酒店為集

團或關係企業,是以不正當的手段強化競爭優勢,導致不公平競爭,有違反公平交易法第 25 條之嫌,乙公司對此則反駁認為,丙公司並未證明消費者因為房型相近產生混淆,也沒有證明乙房型取得何種競爭優勢,以及房型與取得優勢的因果關係。

再者,三審認為乙與甲對市場上存在效能競爭有妨害,或抄襲足以影響交易秩序,尚待釐清,乙公司抄襲甲酒店房型設計,是否為足以影響交易秩序之欺罔或顯失公平之行為,應斟酌相關證據認定,此與乙公司是否違反公平法第 25 條關係密切,自有研討之必要,更一審並未提出調查結果。

更一審認為從旅館數據上,從 103 年至 107 年 B 地乙酒店業績大幅成長,但是 A 地甲酒店營收卻大幅衰退,指稱 A 地甲酒店營收乃受 B 地乙影響。此判斷稍嫌武斷,因為也有可能受大陸客未至 A 地所致,而 B 地渡假客增加。

第四篇　附錄

附錄二：本書引用資料

一、專書（按作者姓氏筆畫排列）

1. 王澤鑑,「侵權行為法」,增訂新版,王澤鑑,2019年2月。
2. 朱柏松,「消費者保護法論」,翰蘆圖書出版有限公司,1998年12月。
3. 林益山,「消費者保護法」,五南圖書出版股份有限公司,二版一刷,1999年10月。
4. 林益山,「商品責任及保險與消費者保護」,六國出版社,1988年1月。
5. 郭棋湧,「為何有刑事責任」,書泉出版社,五版一刷,2008年2月。
6. 曾光華,「服務業行銷與管理」,前程文化事業股份有限公司,第六版,2020年6月。

7. 曾光華,「行銷管理:理論解析與實務運用」,前程文化事業股份有限公司,第八版,2020 年 9 月。
8. 馮震宇、姜志俊、謝穎青、姜炳俊,「消費者保護法解讀」,月旦出版社股份有限公司,三版,1995 年。

二、專書論文（按作者姓氏筆畫排列）

1. 王澤鑑,「商品製造者責任與純粹經濟上損失」,收錄於民法學說與判例研究（八）,三民書局經銷,2002年3月。
2. 邱聰智,「商品責任釋義——以消費者保護法為中心」,收錄於當代法學名家論文集：慶祝法學叢刊創刊四十周年,法學叢刊雜誌社,1996年1月。
3. 邱聰智,「消費者保護法上商品責任之探討」,消費者保護研究,第2輯,1996年1月。
4. 姚志明,「侵權行為慰撫金請求之解析」,收錄於侵權行為法研究（一）,元照出版有限公司,初版一刷,2002年9月。
5. 洪誌宏,「消費者保護法」,五南圖書出版股份有限公司,2014年8月。
6. 徐小波、劉紹樑,「企業經營者對消費者侵權賠償責任制度之比較研究」,行政院消費者保護委員會編印,1995年8月。
7. 陳聰富,「消保法有關服務責任之規定在實務上之適用與評析」,收錄於侵權歸責原則與損害賠償,元照出版有限公司,初版一刷,2004年9月。

8. 詹森林,「消保法有關商品責任之規定在實務上之適用與評析」,收錄於民事法理與判決研究(三),元照出版有限公司,初版一刷,2003年8月。
9. 楊淑文,「消費者保護法與民法的分與合一雙軌制立法上的消費者與消費關係」,民事法與消費者保護,政治大學法學中心出版,2013年8月。

三、中文期刊（按作者姓氏筆畫排列）

1. 王千維，民事損害賠償責任成立要件上之因果關係、違法性與過失之內涵及其相互間之關係，中原財經法學，第 8 期，2002 年 6 月。
2. 邱聰智，評「適用消保法論斷醫師之責任」，國立臺灣大學法學論叢，27 卷 4 期，1998 年 7 月。
3. 許政賢，「消費者死亡案例類型之懲罰性賠償金——最高法院 108 年度台上字第 1750 號民事判決」，裁判時報，104 期，2021 年 2 月。
4. 郭麗珍，商品之通常使用、可期待之合理使用及被害人與有過失之判斷，月旦法學雜誌，53 期，2016 年 9 月。
5. 陳忠五，2003 年消費者保護法商品或服務責任修正評析 - 消費者保護的「進步」或「退步」，臺灣本土法學，第 50 期，2003 年 9 月。
6. 陳忠五，論消費者保護法商品責任的保護法益範圍，台灣法學雜誌，第 134 期，2009 年 8 月。
7. 陳忠五，在餐廳滑倒受傷與消保法服務責任的適用最高法院 100 年度台上字第 104 號判決再評釋，台灣法學雜誌，第 185 期，2011 年 10 月。
8. 陳聰富，民法基本觀念，月旦法學教室，第 1 期，2002 年 11 月。

9. 陳聰富，消保法有關服務責任之規定在實務上之適用與評析，國立臺灣大學法學論叢，30卷1期，2001年1月。
10. 曾品傑，論消費者之概念，台灣本土法學，49期，2003年8月。
11. 曾品傑，論消費者保護法上之服務責任最高法院相關判決評釋，財產法暨經濟法，12期，2007年12月。
12. 黃立，消費者保護法：第一講——我國消費者保護法的商品與服務責任（一），月旦法學教室，第8期，2003年6月。
13. 黃立，消費者保護法：第二講 我國消費者保護法的商品與服務責任（二），月旦法學教室，第10期，2003年8月。
14. 詹森林，消費者保護法服務責任之實務問題最高法院96年度台上字第656號判決、99年度台上字第933號裁定及其原審判決之評析，法令月刊，第63卷第1期，2012年1月。
15. 詹森林，被害人濫用商品與企業經營者之消保法商品責任--最高法院一〇三年度台上字第二四四號裁定之評釋，月旦民商法雜誌，第45期，2014年
16. 詹森林，第三人之故意不法行為與因果關係之中斷最高法院九十五年臺上字第七七二號民事判決代客泊車案例判決之研究，臺灣本土法學雜誌，第75期，2005年10月。

17. 戴志傑，懲罰性賠償金數額計算基礎的「損害額」應否包含非財產上損害?- 我國消保法近十年的司法判決分析與檢討，靜宜法學，第 4 期，2015 年 6 月。

四、學位論文 (按作者姓氏筆畫排列)

1. 林慧貞,論消費者保護法之服務無過失責任,國立臺灣大學法律學研究所碩士論文,1996 年。
2. 黃園舒,論消費者保護法之服務責任 - 以服務欠缺安全性為中心,國立臺灣大學法律學研究所碩士論文,2017 年。

五、網路資料

1. 司法院網站法學資料檢索系統，http://jirs.judicial.gov.tw/Index.htm
2. 消費者保護法 Q&A，行政院消費者保護委員會網站，http://www.cpc.ey.gov.tw/News_Content.aspx?n=495361E842038BD&sms=269B2A0B3B272499&s=11B0E260E6E03508(最後瀏覽日：2023/4/21)。
3. 消費案件統計，行政院消費者保護會官方網站，http://www.cpc.ey.gov.tw/InfoView2.aspx?n=B1B69C771CAAEFBE&s=ABBF62618F53F8DE(最後瀏覽日：2023/5/6)。
4. https://news.housefun.com.tw/news/article/amp/818015286512.html（最後瀏覽日期：2023年6月3日）。
5. https://travel.ettoday.net/article/2299879.htm（最後瀏覽日期：2023年6月3日）。
6. https://news.ltn.com.tw/news/HsinchuCity/breakingnews/3266127（最後瀏覽日期：2023年6月3日）。

7. https://www.google.com/search?q=%E5%8F%B0%E5%8D%97%E5%B8%86%E8%88%B9%E9%A3%AF%E5%BA%97%E5%AE%98%E7%B6%B2&oq=%E5%8F%B0%E5%8D%97%E5%B8%86%E8%88%B9&aqs=chrome.2.69i57j0i512l2j46i175i199i-512j0i512l6.20061j0j7&sourceid=chrome&ie=UTF-8#rlimm=13535791156575692890（最後瀏覽日期：2023年6月20日）

六、網站

1. 司法院法學資料檢索系統,https://law.judicial.gov.tw/
2. 行政院主計總處,https://www.dgbas.gov.tw/
3. 行政院消費者保護會,https://cpc.ey.gov.tw/
4. 期刊文獻資訊網,http://readopac.ncl.edu.tw/nclJournal/
5. 臺灣博碩士論文知識加值系統,https://cpc.ey.gov.tw/
6. 台灣 yahoo 資訊網,https://tw.yahoo.com/

國家圖書館出版品預行編目資料

企業與法律 —— 觀念、法規與實務 / 范惟翔 博士 編著 . -- 第一版 . -- 臺北市：財經錢線文化事業有限公司 , 2025.09
面 ； 公分
POD 版
ISBN 978-626-408-374-4(平裝)
1.CST: 企業經營 2.CST: 法律
494.023　　　　　　　114012427

企業與法律 —— 觀念、法規與實務

編　　著：范惟翔 博士
發 行 人：黃振庭
出 版 者：財經錢線文化事業有限公司
發 行 者：崧燁文化事業有限公司
E - m a i l：sonbookservice@gmail.com
粉 絲 頁：https://www.facebook.com/sonbookss
網　　址：https://sonbook.net/
地　　址：台北市中正區重慶南路一段 61 號 8 樓
8F., No.61, Sec. 1, Chongqing S. Rd., Zhongzheng Dist., Taipei City 100, Taiwan
電　　話：(02) 2370-3310　傳　真：(02) 2388-1990
印　　刷：京峯數位服務有限公司
律師顧問：廣華律師事務所 張珮琦律師

-版權聲明-
本書版權為作者所有授權財經錢線文化事業有限公司獨家發行繁體字版電子書及紙本書。若有其他相關權利及授權需求請與本公司聯繫。
未經書面許可，不得複製、發行。

定　　價：450 元
發行日期：2025 年 09 月第一版
◎本書以 POD 印製